약뽔는 세상
건강 백세
행복 하게 아들
함께 만들어 강서다

나승슈

전 국민 필독서가
되어야 할
이유가 있는 책!

운동하고 뮈먹지?

운동 마니아 의사가 전하는 운동 후 식단 꿀팁!!!

머리글

현재 대한민국은 음식물의 1/7이 쓰레기로 버려지고 그로 인해 연간 20조원 이상의 경제적 손실이 발생하며 음식물 쓰레기 처리비용으로 8천 억원이 들어가는 나라이다. 먹을 것이 너무 많은 시대를 살다 보니 체중 관리에 빨간불이 켜져 있다.

누구나 한번쯤 다이어트를 해야 하는데 어떻게 하면 될지 고민해 본 적이 있을 것이다. 맛집도 넘쳐나고 방송에서도 먹방이 인기다. 유튜버, 블로그, 인스타 그램 등등 맛집 정보가 깨알처럼 상세히 전달되고 있다. 도저히 혼자힘으로는 이 많은 유혹을 떨쳐내기가 힘들 지경이다. 사정이 이렇다보니 초고도 비만자들이 너무 많아 보통 걱정스러운 일이 아니다. 남녀불문, 연령불문 초고도 비만자는 계속 늘어나고 있다. 비만은 질병이다. 식욕을 억제한다는 것은 개인의 의지력만으로는 힘들다.

그래서 필자는 2022년 10월경 전국민 운동 지침서인 "운동할래? 병원 갈래?"라는 책을 출판한 뒤 고민 끝에 운동과 영양에 관한 "운동하고 뭐 먹지?"라는 책을 독자들에게 다시 내어 놓게 되었다.

"운동하고 뭐먹지?"라는 책 제목에서도 알 수 있듯이 운동한 뒤 식단을 잘 챙겨 먹을 수 있는 운동 후 영양 지침서를 내어 놓게 되었다. 영양관련한 내용은 의학적인 해석이 붙어 있기 때문에 읽고 바로 이해하기에 다소 어려울 수 있겠지만, 건강지침서이니 만큼 반복해서 읽기를 바라는 마음이다.

수박겉 핥기로 책을 만들 수 없었기에 일반인이 읽기에 다소 어려운 부분도 있을 것으로 생각되지만, 몸속에서 일어나는 원리를 모르면, 읽어도 머릿속에 남는 것이 없을 것 같아 메카니즘을 설명하다보니 다소 생소한 용어들도 나오겠지만, 반복해서 읽다보면 이해될 것으로 기대한다. 필자의 경우도 원리가 이해되지 않으면 읽을 때 뿐이고 머릿속에 기억되지 않는 것은 마찬가지다. 그러나 반복해서 읽다보면, 어려운 것도 점차 해소될 테니 이런 이유로 원리에 관한 설명을 뺄 수 없었음을 너그러운 마음으로 이해해 주기 바라는 마음이다.

저자의 진료 경험은 벌써 30년이 훌쩍 넘은 현직 의사이며 의학스포츠 전문가이지만 "운동할래? 병원갈래?" "운동하고 뭐먹지?"라는 책을 제대로 적어내기 위해 체육학 박사과정 수료와 영양학 박사과정도 현재 재학 중이며, 지금도 열심히 공부중인 상태이다.

이 책이 다소 표현에 미숙한 점이나 학문적 견해 차이는 있을지 모르나, 필자의 집필 의도는 "약없는 세상, 건강백세, 행복코리아"를 만들어 가기 위함이다. 인구 절벽의 미래세대에게 폭증하는 노인의료비 걱정을 줄여 주고 싶은 마음이다. 그래서 가장 중요한 방안으로 올바른 생활 습관을 전국민이 실천할 수 있도록 조그만 도움이라도 되면 좋겠다.

올바른 생활 습관은 규칙적인 운동 습관과 올바른 식습관이다.
아무쪼록 "운동할래? 병원갈래", "운동하고 뭐먹지?"라는 책을 통하여 건강백세를 이룰 수 있는 규칙적인 운동 습관과 올바른 식습관 갖기를 진심으로 바라는 마음이다.

나용승 (필명: Dr. Scott)

추천사

어느 가정의학과 의사에게 이런 말을 들은 적이 있다. 다이어트하는 방법은 10만 가지가 넘지만, 그중 성공하는 방법은 열 가지밖에 안된다고. 그 이야기가 뚜렷한 근거가 있는 이야기인지 아니면 비유적으로 한 이야기인지는 확인해 보지 않았지만, 아마도 그 말의 취지는 우리들에게 체중 감량이나 다이어트는 무척 어려운 도전이다라는 의미일 것이다. 그런 의미라면 충분히 공감이 가는 이야기이다.

어려운 일에는 아주 많은 해법이 있다. 그리고 그 해법들 중에는 지키기가 너무 어렵거나, 효과가 의심스럽거나, 얻는 이득에 비해 더 큰 손실을 유발하거나 해서 선택할 수 없고 선택하면 안되는 방법들도 많다. 그래서 우리에게는 어려운 일을 해결하기 위해서 전문가의 손길이 필요하다. 그리고 그보다 앞서 우리가 의견을 듣고자 하는 그 사람이 과연 우리가 경청할 만한 전문가인지를 판단하는 능력이 필요하다.

『운동하고 뭐먹지?』의 저자 나용승 박사는 30여 년간 의사로서의 삶을 살아가면서 관련 분야에 아주 일찍부터 관심을 가진 결과 현재 그 분야에서 탁월한 전문가의 역량을 보여주고 있다. 저자는 아주 많은 노인 환자들을 대하면서 100세까지 건강하게 장수하는 노인들의 특성을 잘 관찰한 결과, 그분들의 공통점이 규칙적인 운동과 소식하는 것임을 알게 되었다. 저자는 그때부터 저자 자신이 직접 울트라 마라톤, 철인 3종, 보디빌더 등 다양한 운동을 경험하게 되었고 올바른 식습관을 유지하는 노력도 해 왔다. 그리고 자신의 경험을 대중들에게 확산시키기 위해서 메디칼과 스포츠를 합친 용어인 메포츠라는 용어를 만들고, 대한메포츠협회를 창립하여 메디컬 스포츠 트레이너를 양성하고 있다.

저자는 이미 『운동할래? 병원갈래?』라는 책에서 우리들에게 건강한 삶에서 운동의 중요성을 잘 알려주고 있다. 이번에는 그 후속작으로 『운동하고 뭐먹지?』를 선보인다. 이 두 책으로 저자는 건강한 삶의 두 축이 운동과 음식이라는 것을 잘 말해주고 있다. 올바른 방법으로 운동을 하고 난 후에 적절한 음식으로 건강을 지킬 수 있는 좋은 지침서라고 할까?

지구상의 인구가 현재 80억 명을 넘는다고 한다. 우리 인간은 식량을 조달하기 위해서 막대한 양의 가축을 키우고 있고, 밀림을 점점 더 많이 훼손하고 있다. 자원은 한정되어 있지만 우리는 그 자원이 복원되는 속도보다 훨씬 더 빠른 속도로 자원을 소모하여 고갈시키고 있다. 아픈 사람이나 그릇된 식습관을 가지고 있는 사람은 아무래도 신체가 건강하고 올바른 식습관을 가진 사람보다 더 많은 자원을 소모하고 있을 것이다. 환자가 병원에서 치료를 받는 데도 고가의 자원이 들어가게 되고, 또 저자가 머리말에서 언급한 것처럼 그릇된 식습관이나 식문화로 인해서 버려지는 그 많은 음식쓰레기들도 결국은 소중한 자원이 아닌가? 그런 의미에서 우리가 건강한 삶을 산다는 것은 자원을 효율적으로 사용하여 지구라는 환경을 더 잘 보존하는 방법이기도 할 것이다. 그러니 건강하게 산다는 것은 우리가 추구하는 삶이기도 할 뿐만 아니라, 우리가 반드시 그렇게 되어야 할 의무이기도 한 것이다.

개인적으로 필자는 이 책의 저자를 무척 존경한다. 저자는 의과대학 재학 시절 아르바이트를 하며 어렵게 학비를 조달했던 경험이 있었기에, 의사 생활을 시작하자마자 후배들 중에서 어려운 학생들을 찾아서 재학기간 내내 학비를 대어주는 선행을 베풀었다. 저자는 그에 그치지 않고, 그 학생들과 꾸준히 교감하면서 그들에게도 자신과 같은 역할을 주문했다. 그 결과 저자의 지원을 받았던 학생 10여 명이 졸업 후 의사가 된 지금 그들이 다시 우리 대학의 어려운 학생들을 찾아서 지원하겠다고 한다. 이런 선순환의 고리를 만들어낸 저자에게 감사와 존경을 보낸다. 아울러 우리 국민 모두가 건강한 신체를 가지고 건강한 삶을 살기를 소망하여 펴낸 나용승 박사의 책 『운동할래? 병원갈래?』와 『운동하고 뭐먹지?』가 저자의 소망대로 대중들의 삶에 중요한 영향을 미치기를 바란다.

2023. 10. 14.

부산대학교 의과대학 학장 **장 철 훈**

추천사

2022년 기준 우리나라 전체의료비 대비 노인의료비 지출이 42%에 달하며 그 비용은 45.8조원을 넘어서고 있습니다. 게다가 매년 8~10%씩 증가하여 2025년 59조원, 2050년 281조원으로 전문가들은 예측하고 있습니다. 2022년 우리나라 국방예산이 55조원임을 비교한다면 어느정도 엄청난 비용인지 예측 가능하겠지요? 또한, 저자의 책 내용중 음식물의 1/7이 버려지는데 그 비용으로 한해 20조원이 넘고 그 처리비용은 8천억원에 달한다고 적고 있습니다.

저자는 항상 인구절벽의 미래세대가 부담해야 할 사회적 비용을 줄일 방법으로 올바른 생활 습관을 갖기를 일관되게 주장하고 있는 것을 잘 알고 있습니다. 그 실천 방법으로 규칙적인 운동과 올바른 식습관 갖기를 강조하고 있습니다. 약이나 병원보다는 올바른 생활 습관으로 질병을 예방하고 치료하기 위한 방법을 제시하고 있습니다. 명의나 명약보다도 올바른 생활 습관으로 건강증진을 시켜나갈 수 있다고 늘 강조하는 저자도 현직의사 신분이기에 저 또한 더욱 신선함을 느끼고 믿음이 갑니다. 저 역시 의정생활로 바쁘지만 이 기회에 현직 의사인 저자가 제시하는 건강증진 방법을 실천해서 저의 건강증진도 이루고 미래세대에게 사회적 비용 부담도 줄여주는 일석이조의 좋은 방법이니 노력해야 되겠습니다. 최근 저자는 (사)대한메포츠협회를 설립하여 약없는 세상, 건강백세, 행복

코리아를 만들겠다는 일관된 신념으로 시민운동을 하고 있는 것도 잘 알고 있습니다.

　이번에 출판되는 "운동하고 뭐먹지?"라는 책은 제목에서도 알 수 있듯이 운동한 후 식습관 관련한 전국민 필독서를 세상에 내어 놓은 것 입니다.
　또한 평소에도 저자는 건강을 잃으면 전부를 잃듯이 건강은 건강할 때 지켜야 가성비도 제일 좋다고 항상 강조하고 있는 것으로 알고 있습니다.
　저자가 제시하는 방법으로 따라하기만 하면 건강증진은 누구나 가능할 것 같습니다. 작년 말쯤으로 기억하는데 운동지침서인 "운동할래? 병원갈래?"가 출판되고 이어 운동 후 영양지침서인 "운동하고 뭐먹지?"를 탈고한 저자에게 그 간의 노고를 격려하며, 아무쪼록 전국민 운동과 영양지침서가 되어 저자의 소망대로 약없는 세상, 건강백세, 행복코리아를 이루고 인구절벽의 미래세대가 급증하는 노인의료비 걱정하지 않는 세상이 만들어 지기를 진심으로 바랍니다.

부산남구 국회의원 **박 수 영**

추천사

올해 유난히 더웠던 기억이 있습니다. 그 동안 코로나로 인해 전세계인들은 개인의 면역력 중요성에 대해서 충분히 학습되었을 것으로 생각합니다. 모든 의과학자들은 앞으로도 코로나 같은 팬데믹 유행은 언제든지 다시 올 수 있다고 예측하고 있는데 믿을 것은 자신의 면역력이 가장 중요할 것 같습니다. 그리고 우리나라 노인 인구는 2025년 초고령사회 진입을 앞두고 있지만, 인구절벽으로 인해 아마도 더 빨라질 것으로 생각됩니다.

초고령사회 진입과 맞물려 노인의료비 증가는 불보듯 하지만, 그러나 2022년 출생률 0.78명인 인구절벽의 미래세대로는 감당하기 쉽지 않을 것 입니다. 평소 저자는 인구절벽의 미래세대가 급증하는 노인의료비를 감당하지 못하게 된다고 늘 주장하는 것을 잘 알고 있습니다. 작년 이맘때쯤 전국민 운동지침서인 "운동할래?병원갈래?"가 출판된 것으로 기억합니다.

저자는 일관되게 올바른 생활 습관을 강조해 왔는데 꾸준한 운동 습관과 올바른 식습관을 가져야 된다고 주장하며 약없는 세상, 건강백세, 행복코리아를 올바른 생활 습관 변화로 성취되기를 희망하고 있는 것으로 잘 알고 있습니다. 일관되게 생활 습관 변화의 중요성을 강조하는 것에 동료 의사로서 저 또한 저자의 생각에 동의합니다.

저자는 이번에 "운동하고 뭐먹지"라는 책을 다시 세상에 내어 놓으면서 평소 저자의 신념대로 운동 이후 올바른 식습관의 중요성을 강조하고 있습니다. 아무쪼록 저저의 바람대로 약없는 세상, 건강백세, 행복코리아를 이루고 인구절벽의 미래세대가 급증하는 노인의료비 부담으로부터 나아지기를 희망하면서 추천사를 대신할까 합니다.

부산시 병원 협회장 / 부산고려병원 이사장 / 정형외과 전문의 **김 철**

추천사

　나용승 박사님의 책 "운동할래 병월갈래"를 출장가는 비행기안에서 몇 시간만에 뚝딱 읽은 기억이 난다. 나의 생각을 누군가가 대신 말해주고 있을 때처럼 속이 시원할 때가 있을까. 참 공감하면서 무릎을 탁쳤다. 의료,체육학 박사로서의 전문 지식과 몸소 체험한 것을 쓴 것이라서 더욱 신뢰가 갔다. 그래서 많은 분들에게 이 책을 선물했다. 이번에 출간한 "운동하고 뭐 먹지?"도 그런 기대감을 가지고 한동안 기다렸다.
　운동, 영양, 휴식은 근성장의 3대 필수 요소다. "먹는 것 까지 운동이다" 라는 말이 있다. 나는 한참 웨이트 운동에 빠져있을 때 무리한 탓에 어깨 관절와순과 이두근 연결부위 손상으로 전신 마취 수술을 받은 경험이 있다. 그때 나용승 박사님의 책을 읽었었더라면 그런 운동 손상은 없었을 것이다. 수술후 운동을 할 수 없어서 3개월 정도 식단관리를 철저히 한 경험이 있는데, 식단만으로도 근육량의 변화가 거의 없는 놀라운 경험을 했다. 예순이 넘는 나이에도 활력이 넘치는 나박사님을 보면서 나이가 들수록 근육 관리에 더 관심을 가져야 한다는 것을 알 수 있다. 근육은 걷고 달리고 들어 올리는 에너지의 베이스가 된다. 뼈대를 지지해 자세와 균형을 잡아주는 역할을 한다. 혈당 상승을 억제하고 신진대사를 원활하게 해 성인병을 예방한다. 운동과 함께 음식을 바꾸면 몸은 바뀐다. 나용승 박사님의 "운동하고 뭐 먹지?"는 운동과 식단관리 지침서가 될 수 있을 것이다. 우리의 건강은 행복감을 가장 먼저 만들고 느끼게 해주는, 바꿀 수 없는 재산이다. 그러니 얼마든지 시간을 내어서 건강에 투자를 해도 아깝지 않을 것이다. 몸은 마음을 돕고, 마음은 몸을 돕는다. 이제부터라도 몸과 마음을 바꾸는 방법을 배우고 실천해보자.

저 또한 나용승 박사님과는 또 다른 영역에서 나름대로 약없는 세상, 건강백세, 행복 코리아를 만들어 가는 비전을 실천하고 있다. 근력 운동을 바탕으로 한 건강 관리 프로젝트를 주관하고 건강기부를 전파해왔다. 지금도 건강주거와 근력 운동, 식단을 모델로 한 사업을 하고 있다. 사회의 가치관은 처음 누군가 한사람이 시작해서 사회 전체로 퍼진다. 먼저 한두명씩 이 운동에 동참하면 결국 백한번째 사람도 바뀌게 될 것이고 곧 이것이 곧 우리 사회의 가치관과 행동 양식으로 정착될 것이다. 그리고 세계적 고령화 시대에 건강관리가 곧 국가 경쟁력이 될 것 이라고 믿어 의심치 않는다. 이것을 실천해 나가는 나 박사님의 행보를 응원하고 동참을 다짐하며 다시 한번 더 출간에 감사드린다.

초록우산어린이재단 부산후원회장 · 부산상공회의소 의원/동아대학교 경영학 박사
웰리빙 헬스케어 전문가그룹 대표이사/경성리츠 대표이사 **채 창 일**

추천사

현대 사회에서는 먹거리가 풍부하고 먹방 프로그램이 대세를 이루는 가운데, 비만 및 대사성 질환은 건강을 심각하게 위협하는 문제로 부각되고 있습니다. 이러한 건강 문제를 관리하려면 운동과 올바른 식습관을 조화롭게 결합하여 건강한 생활 습관을 형성하는 것이 필수입니다. 운동과 식단은 서로 보완적이며, 생애 주기에 걸쳐 건강을 지키는 핵심 역할을 합니다. 남녀노소 모두가 이 중요성을 이해하고 있지만, 운동 방법과 식단 관리에 대한 구체적인 가이드라인이 부족한 실정입니다.

저자 나용승님의 최신 도서 "운동하고 뭐먹지?"는 체중 관리뿐만 아니라 생애 주기를 고려한 건강 관리에 필요한 운동 전후 식단 선택에 관한 소중한 지침서입니다. 나용승 저자는 이 책을 집필하기 위해 의학박사 취득 및 체육학 박사과정 수료하고, 현재 영양학 박사과정을 진행 중입니다. 그 뿐만 아니라 임상 경험이 풍부한 전문가로서 질환별 운동 처방 및 식단을 제공하며, 건강한 삶을 적극적으로 실천하고 있습니다. 따라서 본 도서는 건강한 라이프스타일을 만들기 위한 운동과 식단의 조화에 큰 도움이 될 것으로 기대됩니다.

이 책은 먹거리와 운동의 상호작용을 명확하게 설명하고, 생애 주기에 따라 운동과 식단을 어떻게 조절해야 하는지에 대한 유용한 정보를 제공

합니다. "운동하고 뭐먹지?"는 건강한 삶을 추구하는 분들에게 필수적인 가이드로서, 저자의 지식과 실용성이 빛나는 도서입니다. 이 책을 읽으면서 운동을 즐기며 올바른 식단 선택에 대한 통찰력을 얻을 수 있을 것입니다.

부경대학교 식품과학부 식품영양전공, 학부장 **이 봉 기** 교수

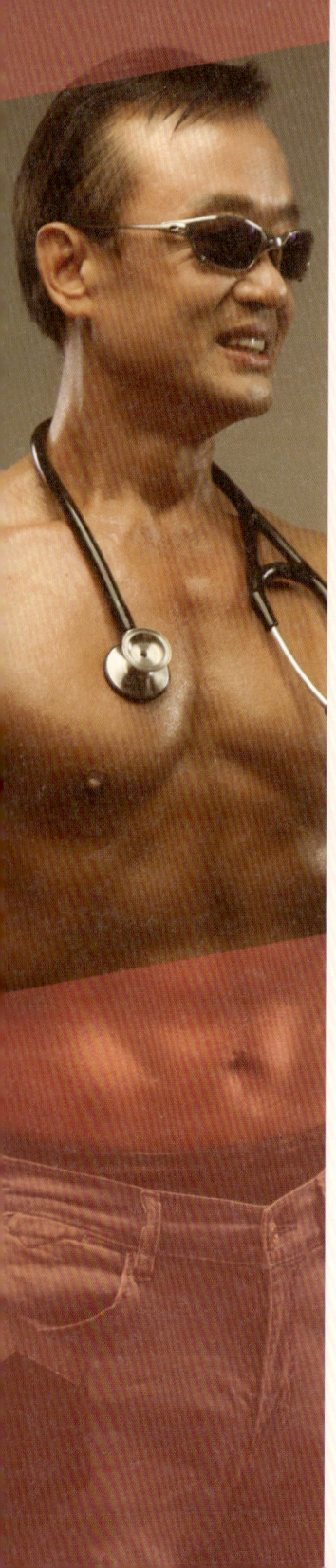

| 차 례 |

머리글 / 4
추천사 – 장철훈(부산대학교 의과대학 학장) / 7
추천사 – 박수영(부산남구 국회의원) / 10
추천사 – 김　철(부산시 병원 협회장 / 부산고려병원 이사장 / 정형외과 전문의) / 12
추천사 – 채창일(초록우산어린이재단 부산후원회장 · 부산상공회의소 의원 /
　　　　　　　　동아대학교 경영학 박사 / 웰리빙 헬스케어 전문가그룹 대표이사 / 경성리츠 대표이사) / 14
추천사 – 이봉기(부경대학교 식품과학부 식품영양전공, 학부장) / 16

1. 총론

운동과 영양은 과학이다 / 27
올바른 생활 습관 두가지 / 31
체지방은 최대한 줄여라 / 33
신비한 요요현상을 잘 이용하라 / 35
운동 후 적절한 영양 섭취 방법 / 37
운동 후 가성비 좋은 식단은? / 43
운동과 칼로리 / 48
건강한 식습관 10계명 / 53
6대영양소 / 58

영양소의 소화와 흡수 / 59
인체에너지의 이용과 저장 / 66

인체 에너지 대사량 / 67
기초대사량과 휴식대사량 / 67
호흡상(호흡계수: respiratory Quotient) / 69
에너지 소비량 계산 / 70

기초대사량 산출 간편 계산식 / 71
비만의 분류 / 71
운동 중 사용하는 에너지 체계 / 73

2. 탄수화물

탄수화물 / 79
    탄수화물의 체내 기능 / 80
    탄수화물의 분류 / 83
    탄수화물 대사 / 99
    영양소의 분해대사 / 104

3. 지방

지방 / 113
    지질의 분류 / 115
    지질의 소화와 흡수 / 117
    지질의 이화, 동화과정 / 120
    지질의 분해 / 120
    글리세롤/글리세린 / 121
    글리세라이드(glyceride) / 122
    지방의 베타 산화(β oxidation) / 123
    지방세포의 색에 따른 분류 / 124
    포화지방산과 불포화지방산 / 126
    오메가3/오메가6 지방산 / 129
    오메가3와 오메가6를 균형있게 먹는 것이 중요! / 131
    오메가3를 보충하여 균형 잡힌 식단을 구성해 보자. / 132

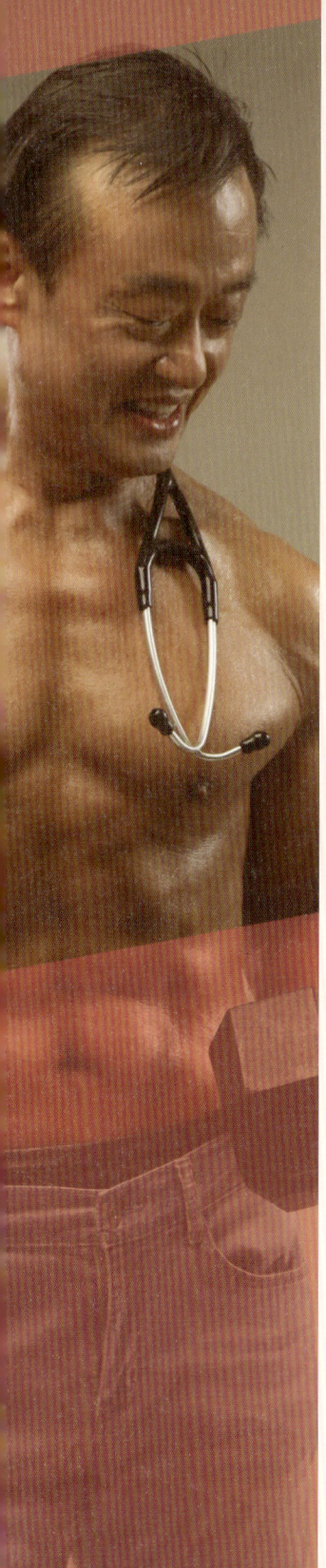

트랜스지방 / 133
트랜스지방에 대한 불편한 진실 / 138
트랜스지방 섭취, 이렇게 줄여라 / 139
쇼트닝 / 140
버터와 마가린 / 141
중성지방의 체내기능 / 142
필수 지방산의 체내기능 / 145
운동시 지방의 중요성 / 146
지방의 에너지원으로서의 장·단점 / 149
지질의 섭취실태 / 151

4. 단백질

단백질 / 155

단백질의 종류와 기능 / 156
아미노산(amino acid)의 구조 / 156
아미노산의 분류 / 157
필수 아미노산(amino acid) 종류와 효과 / 159
유리 아미노산(free amino acids) / 165
단백질 분류 / 166
단백질 구조 / 169
단백질의 변성 / 170
단백질의 기능 / 170
단백질의 소화와 흡수 / 178
단백질 및 아미노산 대사 / 179
단백질의 합성 / 183
젤라틴 / 184
단백질의 질 보완 / 185
제한 아미노산 / 185

단백질 상호보완 효과 / 186
단백질 과잉섭취 / 186
단백질 결핍증 / 188
단백질의 섭취 기준 / 188
단백질 대사(protein metabolism) / 191
단백질 소화 / 192
운동과 단백질 소모 관계 / 192
우유 / 194
케톤체 생성성 아미노산(ketogenic amino acid) / 195
포도당(글루코스)생성성 아미노산(glucogenic amino acid) / 196
방향족 화합물(aromatic amino acid, AAA) / 196
지방족 화합물(脂肪族化合物, aliphatic compound) / 197
케톤체(Ketone bodies) / 198
요소(urea) / 200
요소회로(오르니틴회로/크렙스-헨셀라이트 요소 회로) / 201
코리회로(Cori cycle) / 202
젖산(lactic acid, $C_3H_6O_3$) / 203
알라닌 회로(alanine cycle) / 204

5. 기타영양소

비타민 / 207
비타민 분류 / 207

무기질 / 210
무기질의 분류 / 210
다량무기질 / 211

물 / 212
하루에 필요한 물의 양 / 213
물을 과다하게 섭취할 경우? / 214

　　수분이 부족하면? / 214
  식이섬유(dietary fiber) / 217
　　식이섬유의 체내기능 / 218

6. 에너지 섭취와 운동

  에너지 섭취와 운동 / 223
　　탄수화물과 운동 / 223
　　탄수화물 부하(carbo loading, glycogen loading) / 224
　　운동 과정시의 탄수화물 섭취 / 225
　　지질과 운동 / 225
　　단백질과 운동 / 226
　　운동강도별 단백질 권장량 / 227
　　비타민과 운동 / 228
　　무기질과 운동 / 231
　　수분섭취와 운동 / 233

7. 알코올의 정의와 특성

  알코올의 정의와 특성 / 237
　　알코올 대사 / 238
　　술의 종류와 칼로리 함량 / 241
　　알코올과 영양 / 242
　　숙취현상(Hangover) / 243
　　숙취를 줄이는 방법 / 244
　　여성이 남성보다 알코올에 약한 이유 / 244
　　알코올 섭취와 운동 / 245
　　알코올 섭취와 근력 운동 / 248

알코올 섭취와 유산소 운동 / 251

8. 질환별 식단과 운동

질환별 식단과 운동 / 255
    고혈압의 식단과 운동 / 255
    당뇨병 식단과 운동 / 262
    고지혈증 식단과 운동 / 267
    근육감소증 식단과 운동 / 270

9. 부록

부록 / 281
    보행 분석(Gait Analysis) / 281
    올바른 보행 원칙 10가지 / 286
    발(Foot)과 발목(Ankle) 관절 질환과 운동 / 289
    발, 발목 정렬(Foot alignment)과 족궁(Foot arch) / 290
    족저근막염(Planta fascitis) / 291

맺음말 / 294

1 총론

🏋 운동과 영양은 과학이다

　운동과 영양은 건강한 삶을 살기 위해 매우 중요한 요소이다. 운동과 영양은 서로 상호작용하여 건강과 웰빙을 증진시키는 데 큰 영향을 미치며, 올바르고 조화로운 조합은 건강증진과 질병을 예방하고 치료하는데 최고의 방법이라 확신한다.

　필자는 노인병원을 오랫동안 운영한 의사로서, 건강백세를 이룬 분들의 삶에 대하여 자연스럽게 많은 경험을 하였다. 건강백세를 이룬 분들의 공통점은 두 가지 생활 습관으로 간추려 진다. 하나는 꾸준하고 규칙적인 운동이고, 다음 한 가지는 소식하는 식습관이다. 일반적으로 건강백세를 이루는 방법은 명의와 명약을 빨리 만나는 것일 것이라 생각할 지도 모르겠으나, 오히려 정반대이다. 좋은 생활 습관, 즉 규칙적인 운동 습관과 소식하는 식습관을 갖고 있는 사람들은 의사 도움 받을 일이 훨씬 적게 생긴다는 뜻이다.

　질병 치료를 잘하는 사람을 명의(名醫)라 한다. 병을 만들지 않는 사람은 신의(神醫)라 한다. 신이 내린 의사라는 말이다. 병은 누가 만드는가? 여러분들의 잘못된 생활 습관 때문이라는 것에 동의하는가? 유전성 질환을 제외하고는 거의 대부분 질병은 생활 습관과 밀접하다. 생활 습관중에서도 이 책에서 집중적으로 다룰 운동 습관, 식습관과 밀접한 상관 관계가 있다고 확신한다.

운동과 영양의 관련성에 대한 주요 측면은 다음과 같다.

1) 에너지 균형

운동을 통해 소비되는 에너지는 섭취한 음식으로부터 얻은 에너지와 균형을 맞춰 가야한다. 이를 과학적으로 잘 활용하면 적정한 몸무게를 유지하고 근육량 증가와 체지방 감량 목표를 이룰 수 있다. 우리가 원하는 방향은 체지방은 내리고 근육은 올리는 것이다.

2) 근육 발달과 회복

운동과 영양은 근육 발달과 회복에 필수적인 요소이다. 운동 후에 무엇을, 언제, 어떻게, 얼마나 먹을 것인지를 잘 디자인할 수 있다면 운동의 효과를 증대시킬 뿐만 아니라 회복력에도 매우 도움이 될 수 있다.

근육량과 근육 밸런스가 좋으면 일상적인 활동을 수행하는 데에 도움이 되는 것 뿐만이 아니라 근골격계 질환을 예방함으로써 건강백세를 이루게 될 것이다.

3) 영양소 공급

운동을 하게 되면, 몸의 에너지 소비가 증가하므로 균형잡힌 영양소 섭취가 더욱 중요해 진다. 운동 이후 다양한 음식으로 고른 영양 식단을 유지하여 몸에 필요한 영양소를 충분히 공급받아야 체지방은 줄이고 근육을 늘려 갈 수 있다.

4) 생애 주기와 영양

운동량과 영양 요구량은 연령, 성별, 생애 주기에 따라 다르다. 성장기와 노년기의 영양이 같을 수 없다. 적절한 영양 섭취와 운동은 각 단계에서 건강 증진 및 질병 예방과 치료에 도움을 줄 수 있다.

5) 운동 수행 능력 향상

일부 엘리트 운동 선수들은 운동 수행 능력 향상을 위해 특별한 영양 전략을 수립하는데, 특히 고강도의 운동을 하는 경우 영양 섭취의 최적화가 경기력 향상에 큰 영향을 미친다. 운동과 영양은 과학이지 아무렇게나 하는 것이 아니라는 말이다.

물론, 일반인의 경우에도 꾸준한 운동은 체력 향상과 심폐 기능 향상에 도움이 된다는 것은 너무나 당연하다.

6) 신진대사 조절 및 면역력 향상

올바른 영양 섭취는 신진대사를 조절하고 에너지 생성하는데 중요한 역할을 할 뿐만 아니라, 면역력 향상에도 크게 기여한다. 전세계가 코로나를 겪어오면서 질병을 예방하는데 개인의 면역력이 가장 중요하다는 것은 이미 학습되어 있다.

7) 체지방 감소

운동과 영양은 체지방을 감소시키고 체중을 조절하는 키 포인트가 될 것이다. 필자는 많은 질병의 원인이 과도한 지방 때문이라는 문제 제기를 꾸준히 할 것이다.

8) 혈관성 질환, 근골격계 질환 예방

운동과 영양은 각종 질병의 예방효과가 있다.

유산소 운동은 심폐기능을 강화시켜주고 혈관성 질환을 예방하고 근력 운동은 근감소를 개선시켜 근골격계 질환 치료와 예방에 도움이 될 것이다. 휴식과 영양은 운동의 건강증진 효과와 운동 후 회복력에 도움을 주게 된다.

9) 정신 건강 증진

운동과 영양은 핏한 몸을 만들어 줄 것이다. 독자들도 복부 비만으로 볼품없는 몸매보다 식스팩이 보이는 핏한 몸매의 소유자라면 자신감은 회복되고 우울증은 사라지게 될 것이다. 자신감 회복으로 어지간한 스트레스는 사라질 것이다. 운동과 영양은 신체와 정신 건강을 증진시키는 키 포인트이다.

10) 기타

운동과 영양의 효과는 독자들과 밤새워 토론해도 끝이 없을 정도이니, 이 책을 접하는 독자들은 당장 필자가 권고하는 대로 실천하시라. 약없는 세상, 건강 백세, 행복코리아를 함께 만들어 갈 수 있을 것이다. 이것은 팩트이다. 믿어도 좋다.

따라서, 운동과 영양은 건강한 신체와 정신을 구축하는 데에 상호 보완적인 역할을 하며, 잘 조합될 경우 건강한 삶과 웰빙을 유지하는 데에 큰 도움이 될 것이다. 필요에 따라 개인의 목표와 몸에 맞게 올바른 영양 섭취와 운동 계획을 수립하는 것이 필요하다. 또한, 운동 손상이나 영양 불균형으로 심각한 문제를 예방하려면 익숙해 질 때까지 반드시 전문가의 조언과 도움을 받는 것이 필요하다.

운동은 신체적인 기능과 건강을 증진시키기 위해 꾸준히 물리적인 활동을 수행하는 것 뿐만이 아니라, 정신 건강에도 확실히 도움이 되는 것을 필자는 메포츠(메디칼 스포츠) 센터를 운영하면서 수없이 경험했다. 특히 우울증, 공황장애 등등에서도 많은 도움이 되고 필자는 의학적, 체육학적, 영양학적 지식뿐만이 아니라, 30여년 환자를 진료해 온 실증적 경험을 바탕으로 이 책을 적어가고 있으니 믿고 반드시 실천하시기 바란다.

🏋️ 올바른 생활 습관 두가지

필자는 30여년의 의사 생활중 20년 가까운 세월을 노인 병원을 운영하였고 노인 환자를 주로 진료해 오면서, 인간의 생로병사를 수없이 경험했다. 한평생 살면서 가장 두려운 순간이 언제일까? 독자들은 어떤가? 언제가 가장 두려울 것 같은가? 필자는 아마도 죽음의 순간이지 않을까? 하고 노인병원을 운영한 경험으로 미루어 짐

작할 수 있다.

독자들도 대부분 동의할 것이다.
실제 노인들의 소망 중, 자는 잠에 임종하면 얼마나 좋을까 하고 많이들 이야기 하시는 것을 필자는 수없이 들었다.
그리고, 오랜 기간 동안 노인병원을 운영했던 필자는 백세까지 사신 분들의 생활 습관이 궁금하기도 하고 관심이 있어 조사를 해 본 적이 있다.
백세까지 사신 분들은 실력있는 명의와 명약을 만나, 치료를 잘 받아서 장수 하셨을까? 어떨 것 같은가?

필자의 경험중 에피소드 하나를 소개하겠다.
보통의 경우 입원하기 전에 입원 상담이 먼저 이루어진다. 입원 상담하면서 입원하실 분의 과거 병력이라던지, 현재 병력과 관련된 투약중인 약이 어떤 것이 있는지, 식사는 잘하시는지, 잠은 잘 주무시는지, 가족관계는 어떤지 등등에 대하여 상담한다. 이 모든 과정은 환자를 잘 케어하기 위해 필요한 정보를 얻는 기본 절차이다.

이 에피소드는 102세 되신 할머니를 입원 상담하면서 딸로부터 들은 이야기이다. "우리 어머니는 102세 까지 사시면서 감기도 한번 안걸렸고 병원 한번 안다니실 정도로 건강하셨어요. 그런데 지금 저도 나이가 80을 바라보는 노인이다보니 더 이상 집에서 어머니를 보살필 기력이 없어서 어쩔 수 없이 가족회의 끝에 병원에 모셔야 되겠다고 결정해서 오늘 입원 상담 하는 것입니다."라고 말씀하신 기억이 있다.

필자는 궁금해져 어머님의 건강 장수 비결이 뭔지를 묻지 않을 수 없었는데, "그 비결은 규칙적인 운동 습관과 소식하는 습관을 평생 가지셨단다. 식탐이 없으셨고 평생 소소한 집안일을 직접 챙기시고 몸을 움직이셨다 한다." 필자는 많은 환자들 중에 건강 장수 하시다가 자는 잠에 돌아가시는 환자들 거의 대부분이 꾸준한 운동 습관과 올바른 식습관을 가지신 것이 장수 비결이라는 사실을 알게 되었다.

그래서 독자 여러분들도 꾸준한 운동 습관과 올바른 식습관을 길러 건강 장수할 수 있기를 진심으로 바란다.
그렇게 해야만 인구절벽의 미래세대가 급증하는 노인세대의 의료비 부담으로부터 해방될 수 있을 것이다.

체지방은 최대한 줄여라

보통의 경우 남자는 체중의 10~20%, 여성은 체중의 18~28% 체지방률을 정상이라 한다. 인체는 먹고 남는 것은 지방으로 축적이 된다. 탄수화물은 잘 훈련된 운동 선수일지라도 3,000kcal이상 축적하기 힘들다. 그리고 근육의 주성분인 단백질도 축적시키는데 한계가 있다. 운동을 하더라도 근육은 쉽게 만들어지지 않지만, 지방은 끝없이 축적할 수 있다.

예를 들면, 지방 1g은 9kcal의 열량을 갖고 있는데, 키 165cm, 체중 50kg의 날씬한 여성일지라도 대체적으로 체지방은 20% 정도는 된다. 그러면, 50kg의 20%라면 10kg(10,000g)이 지방인데, 10,000g × 9kcal = 90,000kcal의 에너지를 지방에 저장하고 있다는 얘기다. 자 그렇다면 약간 통통해 보이는 사람, 즉 키 165cm, 체중 65kg이고 체지방율 25%라면 체지방 16.25kg(16,250g)이 된다. 16,250g × 9kcal = 146,250kcal, 키 165cm, 체중 80kg, 체지방률 35%의 고도 비만자의 경우는 어떨까? 만약 체중이 100kg, 120kg이면 어마어마한 에너지 열량을 지방에 고스란히 보관하고 있는 셈이 된다.

지방이 모든 질병의 원인이라면 기분이 어떤가?
그러나, 사실이다. 질병의 원인이 지방이다. 여러분들이 아무리 진귀한 식재료로 만든 것을 먹었던, 맛있고 비싸고 좋은 것들을 많이 먹었을지라도 에너지로 사용하고 남는 영양은 거의 대부분 지방으로 고스란히 축적될 것이다. 이렇게 구석 구석 축적된 지방이 염증의 원인이 되고, 만성 염증은 세포의 돌연변이를 유발하고 암까지도 발병될 수 있는 것이다. 그렇다면, 여러분들이 필요에너지 이상으로 먹었던 음식이 여러분들의 몸을 병들게 만드는 주요 원인이 된다는 것이다.

명심하기 바란다. 먹고 남는 것은 아무리 좋고, 훌륭한 음식일지라도 질병의 원인이 되는 지방으로 축적된다는 사실이다.

소식하는 습관을 들여라. 약간 마른 듯하지만 핏한 몸이 건강한 몸이라는 것을 명심하시라. 옛날 보릿고개 시절에는 통통한 사람을 선호했던 적도 있었지만, 지금은 비만한 사람은 절대 건강백세를 이룰 수 없다.

🏋 신비한 요요현상을 잘 이용하라

다이어트를 하다보면 거의 대부분 요요현상을 경험한다. 독자들도 한번쯤은 들어 본 말일 것이다. 요요현상이 무엇인지는 잘 알고 있을 것인데, 이참에 제대로 이해하고 숙지하기 바란다.

일반적으로 요요현상이라면 다이어트 열심히 해서 체중을 싹 줄여 놓았는데 다시 뚱뚱한 상태로 되돌아 가는 것을 연상할 것이다. 물론 이러한 현상도 요요현상이 맞다. 원래대로 되돌아 가는 것이 요요현상이니까.

이런 경우는 어떤가? 날씬한 사람이 몇일 과식해서 체중이 2~3kg

정도가 늘었다 가정해보자. 이런 경우도 몇일만 노력하면 금방 불었던 2~3kg이 빠지게 된다. 그렇다면 2~3kg이 빠지고 원래 체중으로 돌아 갔으니 이것도 요요현상이지 않나? 이렇게 체중감량이 되어 원래 체중으로 되돌아 간 것이니 이것도 요요현상이다.

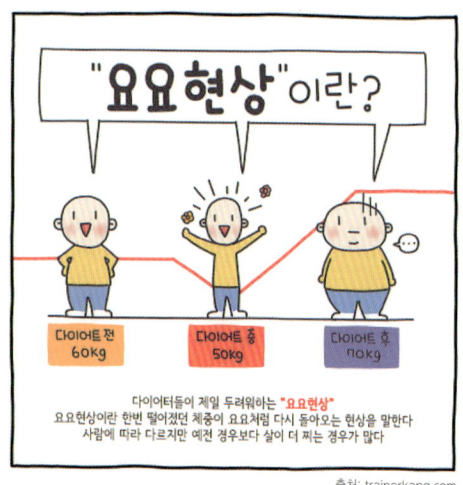

그래서 제안한다.

비만한 사람이라면 적어도 1년 이상의 기간을 가지고, 천천히 지속적으로 감량하면 몸은 속는다. 빨리 감량하기 위해 무리하게 다이어트를 하면 체중 감량이 되더라도 단기간이란 것 때문에 금방 원래의 비만한 체형으로 되돌아가는 요요현상을 겪게 될 것이다.

그러나, 지금의 체중 10%를 감량하는데 1년 이상의 충분한 기간을 두고 천천히 지속적으로 다이어트하면 몸을 속일 수 있다는 말이다. 요요가 잘 일어나지 않는다. 만약 충분한 기간을 두고 감량에 성공하였다면 여러분들의 몸은 요요현상이 일어나지 않을 것이다.

필자의 경우도 지금 요요현상이 일어나지 않고 핏한 상태를 잘 유지하고 있는 이유이기도 하다.

운동 후 적절한 영양 섭취 방법

운동 후 영양 섭취는 몸을 회복시키고 근육을 유지 또는 증가시키기 위해 매우 중요하다. 운동 후에 영양 섭취를 올바르게 하는 것은 운동의 효과를 극대화하고 부상을 예방하는 데에도 도움이 된다. 이를 위해 주의해야 할 점과 권장되는 영양소들은 아래와 같으니 참고하시라.

1) 단백질

운동 후에는 근육의 회복과 성장을 돕기 위해 단백질 섭취가 가장 중요하다. 건강 백세를 만들어 가기 위해 근육감소증에 의해 발병되는 근골격계 질환을 예방하고 치료하기 위해서 근육의 양이 매우 중요하다. 닭가슴살, 계란, 우유, 요거트, 두부, 참치 등 단백질이 풍부한 동식물성 음식들을 골고루 섭취하는 것이 좋겠다.

2) 탄수화물

탄수화물은 운동 후에 소모된 근육의 에너지를 보충해주는 역할을 하기 때문에 운동 30분 이내에 먹는 것을 권장한다. 근육의 피로도를 감소시킨다는 것이다.

 바나나, 고구마, 감자, 귀리, 곡물 등 탄수화물이 풍부한 음식중에서 목적에 맞게 소화지수와 혈당지수를 고려하여 선택하면 되겠다. 구연산이 풍부한 레몬, 라임, 오렌지등과 함께 탄수화물을 섭취하면 체내 탄수화물 저장에 훨씬 효율적이다.

3) 지방
 지방은 식물성 지방과 동물성 지방으로 구분되며, 영양소를 공급하고 인체 대사 조절에 중요한 요소이지만 과도한 섭취는 피해야 한다. 탄수화물과 단백질에 비해 열량이 높기 때문에 제한적으로 섭취해야 한다. 영양가 높은 지방을 함유한 식품으로는 식물성 지방의 황제라는 아보카도, 견과류, 올리브 오일 등이 있다. 동물성 지방으로는 심해어류(등푸른 생선)가 좋다.

4) 물
 운동을 하게 되면 땀을 통해 수분이 많이 소실된다. 필자는 운동할 때 중고강도 이상의 강도로 하라고 일관되게 권한다. 적어도 몸에서 땀이 송글 송글 맺혀 흘러내릴 정도로 운동해야 건강증진이 되고 질병을 치료하고 예방할 수 있는 것이다. 때문에 소모된 만큼의 수분을 운동 중이나 후에는 충분히 마시는 것이 중요하다. 평소에도 하루 물2리터 이상은 최소한 마시는 습관을 가지면 좋겠다. 운동을 하면서 흘리는 땀의 양을 고려해서 물의 양은 조절하면 되겠다. 그렇지 않으면 운동 중 근육경련의 원인이 될 수 있다.

필자의 경우는 웨이트 운동을 1시간 남짓 하면서 적어도 1리터 가까운 물을 마시는 편이다. 그리고 달리기를 하는 경우 운동 종류, 강도, 지속시간에 따라, 개인에 따라, 기온에 따라 등등 다양한 변수가 있으나 대게 중고강도의 운동강도로 달리기를 할 때 시간당 500~1,000cc정도의 수분이 손실되므로 손실된 수분에 비례하여 보충한다. 물론, 장거리를 달릴 때는 전해질 음료도 중간 중간 마셔 주는 것이 좋겠다. 더운 날 달리기를 하면 땀으로 배출되는 수분량에 비례하여 전해질도 많이 손실되기 때문에 전해질 보충도 필요하다는 것이다.

5) 무기질과 비타민

운동 후 무기질과 비타민의 섭취가 중요하다. 채소, 과일, 견과류, 유제품 등 다양한 음식을 통해 무기질과 비타민을 골고루 섭취하자. 특히 수용성 비타민 B군과 C군은 충분히 섭취하는 습관을 들이면 좋겠다. 수용성 비타민은 많이 섭취하더라도 사용되고 남는 비타민은 소변으로 배설되어 축적되지 않기 때문에 안전하다. 지용성 비타민의 경우는 많이 먹게 되면 축적되어 또 다른 질병의 원인이 되기도 해서 적당량을 섭취 권고 한다.

필자의 경우도 수용성 비타민은 운동 전후 충분히 섭취하고 있으며 온가족에게도 매일 충분히 섭취하라고 권하고 있는 영양소이다. 수용성 비타민의 고용량 복용에 관한 찬반 양론이 있으나, 수용성 비타민의 경우는 필요량 이상 먹어도 몸에 축적되지 않기 때문에 필자는 30년 넘는 세월 동안 고용량으로 먹어 왔고 에너지 넘치는 생활을 하고 있다.

6) 건강기능성 영양 보충제

식사만으로 충분한 영양소를 섭취하기 어려운 경우 건강 기능성 영양 보충제를 고려할 수 있다. 하지만 영양 섭취를 위해 식단을 다양하게 구성하는 것이 우선되어야 한다.

에너지 영양소의 경우 단백질 파우더는 필자도 섭취하고 있는데, 운동량에 따라서 섭취량을 조절해야 하는 것이므로 주의를 요한다. 꼭 전문가의 조언을 받아 적응해가는 것이 좋을 듯하다.

운동 이후 회복과 근육 성장을 도와주는 의학적 방법이 많이 발전되어져 있는데, 엘리트 운동선수들의 경우에도 의학적 도움을 받으면서 운동을 하면 경기력 향상에 많은 도움이 된다. 운동과 영양은 의학이고 과학이다. 꼭 명심하시라.

출처: www.google.co.kr

7) 자제할 음식

핏한 몸을 원한다면 운동 후 과도한 지방, 단순당, 고열량 음식은 가능한 피하도록 하자. 특히 운동 후 탄산음료는 마시지 않도록 하자. 운동 이후 허기진 배를 채우기 위해 운동으로 소모한 열량보다 더 많이 먹는다면 핏한 몸매 갖는 것은 불가능하다. 다 가질 수는 없다. 건강해지고 싶다면 절제된 생활 습관을 갖기 바란다.

8) 작은 식사로 나누기

누구나 하루 세끼에 길들여 져 있다보니, 하루 5번으로 나누어서 식사 해 보라면 무슨 소리인가 할 것이다. 익숙하지 않을 것이다. 그러나, 비만한 사람은 한끼에 많이 먹는 식습관을 바꾸어야 비만 탈출할 수 있다.

핏하고 건강한 몸을 원한다면 위장의 크기를 줄여야 한다.
공복감이 빨리 오는 이유는 위장의 크기와도 관련이 있다. 위장 벽에서 분비되는 그렐린은 허기를 느끼게 하는 호르몬이다. 따라서 위장이 커지면 그렐린의 분비량도 많아지게 된다. 하루 적정 칼로리를 하루 세 번 먹는 것보다 하루 5번으로 나누는 식습관이 위장의 크기를 줄여주기 때문에 꾸준한 다이어트에는 효과적인 방법이다. 허기감을 느끼면 참는 것도 한계가 있으니 위장의 크기를 줄이자.

또한, 여러번으로 나뉜 적은량의 식사를 섭취하면 혈당도 안정적으로 관리되어 당뇨병 컨트롤에도 효과적이다. 당뇨 환자의 경우 식사 이후 과도한 혈당피크 수치가 문제이므로 이런 방법으로 해보는 것도 권한다.

인간의 본능 중 식욕을 조절하라는 것이 좀처럼 쉽지는 않으나, 이 책을 접하고 있는 독자들은 이 순간부터 절제된 생활만이 질병을 예방하고 건강백세를 이룰 수 있고 건강한 몸을 만들 수 있다는 것을 명심하시고 실천하기 바라는 마음이다. 다 가질 수는 없다. 운동하지 않고 많이 먹으면 방법이 없다. 병이 생기고 나서 명의나 명약을 만난들 무슨 소용이 있겠나? 예방이 최선이고 가성비가 가장 좋다. 좋은 생활 습관만 가진다면 우리모두 신의(神醫)가 될 수 있다.

9) 튀긴 음식은 가급적 피하자

지방, 특히 배출이 잘 안되는 트랜스지방을 덜 섭취하기 위해서는 튀긴 음식보다는 구운, 삶은, 훈제한 음식으로 식단을 짜는 것이 좋다.

운동 종류, 운동 강도, 운동 지속시간에 따라 필요한 영양소의 양이 다를 수 있으므로 개인의 목표와 상황에 맞게 영양 섭취를 조절하는 것이 좋다. 또한, 음식의 섭취 시기도 중요한데, 운동 후 30분 이내에 단백질과 탄수화물을 함유한 식사를 섭취하는 것이 근육 성장과 회복에 더 좋다.

운동 후 가성비 좋은 식단은?

운동 후 가성비 좋은 식단은 운동 후의 회복과 영양 섭취를 고려하여 비교적 저렴하면서도 영양가가 높은 음식들을 선택할 수 있는 본인만의 나름의 루틴이 있으면 좋겠다. 다양한 메뉴가 있겠지만 아래는 가성비 좋은 운동 후 식단의 예시인데 참고하시라.

1) 닭가슴살 샐러드

가장 보편적이고 대중적인 메뉴 중 한가지이다. 구워낸 닭가슴살과 신선한 채소들을 섞어 샐러드를 만들어 먹으면 단백질과 채소 특유의 영양소를 풍부하고 골고루 섭취할 수 있다. 닭가슴살 100g당 21g정도의 단백질이 함유되어 있는데, 가성비도 비교적 좋은 편이다.

출처: blog.naver.com/lalacucina

　다들 닭가슴살과 야채 샐러드를 무슨 맛으로 먹냐고들 하는데, 이제는 맛을 고려한 식단보다는 건강을 우선하는 식단에 관심을 가져야 한다. 음식이 혀 끝에 머무는 시간은 몇초 되지 않지만, 식도를 거쳐 위장, 소장에서 소화 흡수되는 데는 4~6시간이 소요된다. 맛을 느끼는 것은 몇초 안 되지만, 건강에 영향을 미치는 시간은 4~6시간이라는 의미이다. 따라서 핏하고 건강한 몸을 만들기 위해서는 맛보다는 건강을 고려한 식단 습관 갖기를 바라는 마음이다.

2) 계란 샌드위치

　단백질이 풍부한 계란을 삶아서 빵과 함께 샌드위치를 만들면 영양대비 가성비가 높으나, 주의할 점이 있다. 왕란 계란 기준으로 설명하겠다. 보통 큰 계란은 한 개에 70g 남짓하는데 대체로 60~70%의 고열량이 노른자에 있다. 때문에 계란 먹을 때 노른자를 제외하고 흰자만 먹기를 권한다. 콜레스테롤 함량이 노른자가 매우 높기 때문이다. 물론 하루에 노른자 1개 정도는 문제없다. 그리고 채소도 함께 곁들이면 더욱 바람직한 계란 샌드위치가 될 것이다.

출처: greensnakediary.tistory.com

3) 샐러드와 삶은 계란

신선한 채소와 삶은 계란을 섞어 샐러드로 먹으면 영양가는 높고 칼로리가 낮아 건강한 식사가 가능하다. 필자의 경우는 시간이 오래 걸리는 것이 단점이지만, 삶은 계란보다는 구운 계란을 선호한다. 구운 계란은 계란 특유의 냄새가 적어 먹기가 조금 더 편하다.

4) 참치 샐러드 콩나물 비빔밥

참치와 콩나물로 영양을 보충하며, 고단백질인 참치가 근육 회복에 도움을 준다. 생선에 함유된 기름은 육류의 기름과는 달리 불포화지방산이 풍부하기 때문에 선호하는 편이다.

출처: blog.naver.com/lalacucina

5) 귀리와 견과류 무화과 블렌드 스무디

출처: kr.freepik.com

귀리와 견과류, 무화과를 블렌딩해서 만든 스무디는 영양소가 풍부하며, 근육 회복에 도움을 줄 수 있는데, 견과류의 양을 너무 많이 섭취하는 것은 주의해야 한다. 견과류에 함유된 지방도 적당한 양까지는 반드시 필요한 영양소이지만, 하루 한줌 정도면 충분하다. 지방 1g은 9kcal의 열량을 갖고 있기 때문에 과하면 안된다. 탄수화물과 단백질은 1g당 4kcal 열량임을 감안한다면 지방 섭취는 주의해야 한다.

6) 요거트와 과일

출처: pxhere.com

저지방 요거트에 신선한 과일을 섞어 먹으면 단백질과 미네랄, 비타민을 함께 섭취할 수 있으나, 과일은 과당이 문제다. 때문에 과일을 많이 섭취하는 것이 탄수화물을 섭취하는 것보다 혈당을 급격히 상승시킬 수 있기 때문에 주의해야 한다.

가성비 좋은 식단은 자신의 운동 목표와 개인적인 영양 요구에 맞춰 다양한 식재료를 활용하여 구성하는 것이 중요하니 참고만 하시면 되겠다. 영양가 높은 식재료를 저렴하게 구매할 수 있는 나름의 방법을 찾아 활용하면, 비용을 절약하면서도 올바른 영양을 섭취할 수 있을 것이고 부지런하면 더 신선하고 영양 풍부한 건강식을 먹을 수 있을 것이다.

운동은 칼로리 감량에 매우 효과적인 방법 중 하나이다. 운동을 통해 에너지를 소비하면 체중 감량과 체지방 감소를 도와줄 것이다. 그러나 운동으로만 칼로리 감량을 이뤄내는 것은 어려울 수 있으며, 올바른 식단과 운동을 조화롭게 결합하는 것이 중요하다.

운동과 영양은 과학이고 의학이다. 아무리 강조해도 과하지 않다. 운동과 식단이 익숙해 질 때 까지 전문가의 도움을 받으시라.

🏋 운동과 칼로리

운동과 칼로리 밸런스를 위해 주의해야 할 포인트 몇가지를 알려드리겠다.

1) 균형 잡힌 식단

운동을 하더라도 영양가 높은 식단을 골고루 유지하는 것이 중요하다. 기본적으로 건강을 위해 운동이 선행되고 균형잡힌 절제된 식단을 챙겨먹자. 다시 한번 강조하겠다. 다 가질 수는 없다. 반드시 절제된 식단이 건강백세를 만들어 줄 수 있다. 단백질, 탄수화물, 지방, 무기질, 비타민, 물 등의 6대 영양소를 균형 있게 섭취하여 건강한 신체를 유지하기 바란다.

2) 칼로리 조절

적정 체중 유지를 위해서는 일일 칼로리 섭취량을 조절해야 한다. 불필요한 체지방은 만병의 근원이다. 운동의 목적은 개인별로 차이가 있겠지만, 건강증진에 목표를 두고 있을 것이라 생각되어 사족을 달겠다. 절제된 식단 습관을 가져야 한다. 운동을 하는데도 비만한 사람들의 특징은 운동으로 소모된 칼로리보다 더 많은 칼로리를 섭취하는 것이 제일 문제이다.

필자 지인들 중에도 운동하면 건강한 뚱보도 괜찮다고 말하는 지인들도 많아서 하는 말인데, 절대 이 세상에 건강한 뚱보는 없다. 마치 삼겹살 좋아하는 채식주의자 처럼 말도 안되는 소리이다. 비만한데 어떻게 건강할 수가 있는가? 운동 조금씩 한다고 비만한데도 건강할 수 있다는 것은 과학적으로 설명할 수 없으니, 지금부터 무조건 절제된 식단 습관들이는 것이 필요하다.

소모된 칼로리 보다 절대 많이 섭취하지 말고 운동으로 소모한 칼로리와 균형을 맞춰야 한다. 하지만, 하루 칼로리 섭취량을 너무 급격하게 감소시키는 것은 바람직하지 않다.

출처: depositphotos.com

　제발 체중 조절만큼은 급하게 하지 마시라. 요요현상으로 좌절당하지 않으려면 충분한 기간을 갖고 천천히 꾸준히 하시라. 체지방량을 자주 체크하는 센스도 필요하다. 또한 체중계를 곁에 두고 자주 측정하는 습관도 긴장감을 유지하는데 중요한 꿀팁이다.

3) 지속 가능한 중고강도 이상의 운동

　지속 가능한 운동을 선택하여 일상적으로 꾸준히 수행할 수 있도록 해야 한다. 유산소 운동(걷기, 달리기, 수영 등)으로 혈관성 질환의 3종 세트인 고혈압, 당뇨, 고지혈증을 잘 관리하고 근력 운동을 조화롭게 수행해서 근골격계 질환의 원인이 되는 근육감소증을 예방해서 건강백세를 이루기 바란다.

　필자의 건강백세 기준은 백세까지 기저귀하지 않는 것이다.
　기저귀하는 순간 삶의 질은 볼품 없어진다. 스타일 망칠 뿐만아니라 사회적 비용도 들어가게 될 것이다. 급증하는 노인의료비는 인구 절벽의 미래세대가 감당하기 쉽지 않은 사회적 비용이라는 것을 꼭 명심하시라.

4) 수분 섭취

충분한 물을 마시는 것이 중요하다. 수분은 신진대사에 반드시 필요한 영양소이며, 운동 시 체온 조절과 땀을 통한 체내 노폐물 제거에도 필요하다. 특히 노인의 경우는 부족한 수분 때문에 피부노화도 더 빨라지는데, 밤에 소변 보기 위해 일어나는 것이 싫어서 수분 섭취를 꺼리는 경우도 있을 것이다.

수면의 질도 건강 유지에 매우 중요한 포인트이기 때문에 잠들기 2시간 전부터 개인의 특성에 잘 맞추어 현명한 수분 조절도 필요하다. 잠자다 일어나 비몽사몽 상태로 새벽에 화장실 가다 낙상으로 인해 낭패를 당하는 경우가 허다하다. 특히 여성 노인의 낙상은 십중팔구 골절로 이어진다.

5) 휴식과 수면

충분한 휴식과 수면을 취하여 근육 회복과 신진대사를 돕는 것이 중요하다. 꾸준하고 규칙적인 운동이 습관되기 위해서는 다음날 회복력이 좌우한다. 근육은 휴식을 취할 때 성장한다. 큰 근육의 경우는 48~72시간, 중간 근육의 경우 24~48시간, 작은 근육의 경우 24시간 정도 휴식하도록 추천한다. 근육량만을 기준으로 한다면 하체 근육, 등 근육, 가슴 근육, 어깨 근육, 기타 순으로 근육량이 적어진다.

작은 근육의 경우는 24시간만 휴식을 취해도 회복되지만 근육이 클수록 충분히 휴식을 취해야 한다. 가장 큰 근육인 하체 운동을 할 때 에너지 소모가 가장 많으며, 몸의 피로도 제일 심하게 온다. 필자의 경우는 3분할 운동을 기본으로 하지만 하체 운동하는 날은 컨디션이 가장 좋을 때 하는 경향이 있다.

다음날 컨디션이 회복되지 않으면 운동량을 적절히 조절할 줄 아는 지혜도 필요하다. 매사가 과유불급이다. 또한 나이가 들어가면서 수면의 질이 저하되어 잠자는 시간은 충분한 것 같으면서도 다음날 아침 피곤을 느끼는 분들이 많다. 이런 경우는 혼자 고민하지 말고 전문가의 도움을 받는 것도 필요하다. 휴식과 수면은 보약이다.

칼로리 감량을 위해서는 식단과 운동을 조절하는 것 외에도 개인의 몸 상태와 건강 상태를 고려하여 적절한 방법을 찾아야 한다. 익숙한 방법으로 운동과 식단이 습관될 때 까지는 전문가의 도움을 받기를 권고한다. 절대 혼자 할려고 안했으면 한다.

필자는 각종 운동 대회를 준비하면서 극단적인 다이어트나 과도한 운동 때문에 오히려 건강에 심각한 악영향을 끼치는 사례를 너무나 많이 보아왔다. 운동과 식단은 과학이고 의학이다. 잘못 디자인된 운동과 식단은 오히려 건강에 해로울 수 있으므로 신중하게 접근하는 것이 좋다는 의미이다.

🏋 건강한 식습관 10계명

식습관을 건강하고 지속 가능하게 유지하기 위해 아래의 10계명을 따르는 것이 도움이 될 것이다.

1) 다양한 식품을 섭취하라

여러 종류의 채소, 과일, 단백질, 곡물, 저지방 또는 무지방 유제품 등을 포함한 다양한 식품을 먹으며 영양소를 균형 있게 섭취하도록 노력하라.

2) 적당량을 먹어라

출처: www.google.co.kr

식사 때 과식하지 않고 적당량의 칼로리를 섭취하기 위해서는 위장의 70~80% 이상 채우지 말자.

포만감을 느낄 정도로 먹고나면 다음날 아침 체중계에 올라서면 후회하게 된다.

3) 아침 식사를 꼭 먹어라

건강한 식습관을 위해 아침 식사를 꼭 먹어야 한다. 아침 식사를 거르면 에너지가 부족해지는데, 특히 공부하는 학생의 경우는 뇌에 충분한 포도당이 공급되지 않으면 집중력이 떨어질 수 밖에 없다. 또한 점심 식사때 과식을 유발할 수 있으니 꼭 아침 식사를 챙기자.

프랑스 식습관을 대변하는 표현이 있다. 아침 식사는 황제처럼, 점심 식사는 평민처럼, 저녁 식사는 거지처럼 하라는 말이 있는데, 아침은 든든하게 챙겨 먹고 저녁은 대충 부실하게 먹는 습관을 가져야 핏하고 건강한 몸을 가질 수 있다는 프랑스식 식습관 문화이니 참고하시라.

4) 천천히 먹는 습관을 갖자

적어도 20분이상 여유있는 식사시간을 가져라.

음식을 천천히 충분히 씹어야 소화에 도움도 주고, 식사 중 더 빨리 포만감을 얻을 수 있다. 왜냐하면 포만감을 느끼는 랩틴 호르몬이 20분 정도 이후부터 분비되기 때문이다. 렙틴 호르몬이 분비되기도 전에 식사를 마치는 습관은 당장 바꾸자.

5) 짜게 먹지마라

짜게 먹으면 반드시 갈증이 생긴다. 염분 때문에 물을 필요 이상 마시게 되면 결국 혈관내 압력이 올라가게 되는데, 고혈압의 원인이 된다. 가급적 소금을 많이 함유한 젓갈류 같은 염장 음식은 피하고 적절한 체액 농도를 유지하자.

인체 체액은 0.9%Nacl 농도이다.

6) 달게 먹지마라

우리가 먹는 음식중 탄수화물은 소화, 대사되면서 당류로 변환된다. 탄수화물 섭취만으로도 당류가 부족한 것이 절대 아니란 말이다. 설탕 같은 감미료를 사용하는 이유는 혀끝의 단맛에 중독되어 있기 때문이다.

달고 짠 음식이 맛있다는 것은 이미 설탕과 소금에 중독되어 그렇다. 식습관을 바꾸는 것이 쉽지 않지만 불가능한 것은 절대 아니다. 당장 달게 먹는 습관을 바꾸자. 지금 당장 설탕통을 주방에서 치워라.

7) 탄수화물은 줄이고 단백질은 올려라

우리국민은 탄수화물 위주의 식사 문화권의 나라에서 살고 있다. 탄수화물:단백질:지방의 비율을 보면 많게는 80%까지 탄수화물 위주의 식사 패턴을 갖고 있는데, 60 : 20 : 20으로 탄수화물의 비율을 점차적으로 줄여나가야 한다. 필자의 경우는 50 : 30 : 20으로 탄수화물을 줄인 만큼 단백질의 비율을 늘려 먹고 있다.

출처: www.google.co.kr

근골격계 질환의 원인이 되는 근육감소증은 단백질을 섭취하지 않고는 해결될 수 없다. 운동이 선행되어야 하지만, 운동 이후 단백질을 충분히 섭취해야 근육이 생길 것 아닌가? 탄수화물과 단백질의 칼로리는 4kcal로 동일하기 때문에 탄수화물을 줄이는 만큼 단백질로 대체하면 충분하다. 우리나라 65세 노인 절반 이상이 단백질 부족이다.

8) 저녁 식사를 가급적 일찍 먹자

규칙적인 식사 시간을 유지하면 혈당을 안정시키고 건강한 식습관을 유지하는 데에 도움이 되는데, 특히 저녁 식사를 일찍하는 습관을 들이면 체중 조절에 많은 도움이 된다. 필자는 저녁 6시 이후에는 물이나 토마토 같은 채소류를 제외하고는 가급적 먹지 않으려 노력한다. 허기를 느끼는 경우 허기를 달래기 위해 토마토와 물 정도는 큰 문제없다.

9) 물을 충분히 마셔라

물은 신진대사를 위해 꼭 필요한 6대 영양소이다. 하루에 권장되는 물 섭취량을 충분히 마시면 체내 노폐물을 제거하고 건강을 유지할 수 있다.

기본적으로 하루 2리터 이상은 마시되, 더운 날 또는 운동으로 땀을 흘린 만큼은 추가로 수분 섭취를 해주어야 한다. 수분이 부족하면 노화도 빨리 진행되고 다양한 질병의 원인이 되기도 한다.

10) 자연식품을 선호하라

1인 가구가 늘어나면서 일회용 가공 식품과 배달 음식이 넘쳐난다. 건강한 음식이 너무 부족하다. 가급적 패스트푸드나 밀키트를 멀리하고 자연 식품을 먹자. 인공 첨가물과 고열량을 피하자. 인공 첨가물이 건강에 유해하다는 논쟁은 가끔씩 벌어진다. 뉴스에 나오는 순간 불안해 하고 우왕좌왕하게 된다. 식재료 본연의 자연 풍미를 즐기는 습관이 건강백세를 이룰 수 있을 것이다. 인공감미료는 가급적 적게 사용하는 습관을 갖도록 하자. 집에서 음식을 준비하고 요리하는 것은 식단을 더욱 통제하기 쉽고 건강한 식습관을 형성하는 데에 도움된다.

위의 10계명은 건강한 식습관을 갖고 유지하는 데에 도움을 주는 일반적인 가이드 라인으로 소개했지만, 개인의 신체 상태와 목표에 맞게 식습관을 조절하는 것이 더욱 중요하다. 자신만의 건강한 루틴 식습관이 만들어 질 때 까지 필요에 따라 전문가의 조언을 받으면 좋겠다.

6대영양소

6대 영양소로는 탄수화물, 지방, 단백질, 비타민, 무기질, 물이 있고 에너지 영양소로는 탄수화물, 지방, 단백질, 조절 영양소는 비타민, 무기질, 물, 구조 영양소는 단백질, 무기질, 물과 저장 영양소는 탄수화물, 지방으로 구분한다.

영양소의 소화와 흡수

1. 영양소의 소화과정

1) 입(mouth)

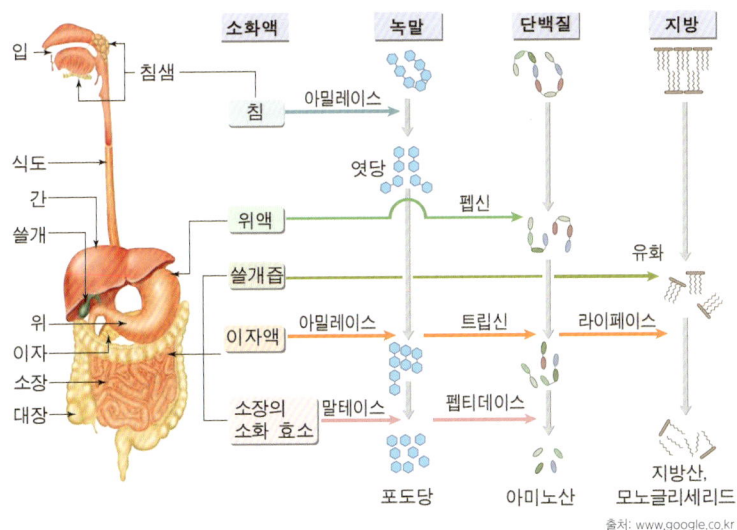

출처: www.google.co.kr

입은 음식물을 저작하고 혼합하는 기관으로, 입안에는 치아, 혀,

침샘이 있다. 침샘은 귀밑샘, 턱밑샘, 혀밑샘 등으로 이루어져 있다. 음식을 먹을 때 입에서는 치아로 음식을 씹거나 잘게 부수고 맷돌처럼 갈아서 음식을 미세하게 만드는 기계적인 작용과 함께 침 속의 아밀라아제의 일종인 프티알린이라는 소화효소가 들어있어서 녹말의 일부를 분해한다. 음식을 오래 씹으면 녹말이 분해되어 단맛을 느낄 수 있는 이유이기도 하다. 침샘에는 분비되는 침의 양은 하루에 약 1~1.5L로, pH는 6~7 정도로 약산성이며, 비중은 1.002~1.008 정도이다.

2) 식도(esophagus)

식도는 위장과 연결하는 관으로 전체 길이는 약 25cm이다. 입에서 잘게 부서지고 침속의 소화효소와 혼합된 음식물이 통과하는 통로 역할만 하기 때문에 소화와 흡수가 일어나지는 않는다. 식도 상부1/2은 의지에 따라 수축이 가능한 수의근인 뼈대근육으로, 하부 1/2은 의지와 상관없이 움직이는 불수의근인 민무늬근육으로 이루어져 있다.

3) 위(stomach)

식도로부터 연결된 위는 횡격막 바로 아래 상복부에 위치하는 주머니 모양의 기관으로 음식물을 일시적으로 저장하며, 위벽에 있는 위샘으로부터 위액을 분비하여 소화를 돕는다. 위액은 하루에 약 1.5~2.5L 정도 분비되는 pH1~2 정도의 강산이므로, 살균작용을 한다. 그리고 위액과 혼합된 음식물은 소장에서 흡수가 원할 할 수 있도록 거의 암죽처럼 변한다.

쓸개즙과 체액 분비를 촉진하는 염산(HcL)와 비타민 B_{12}를 흡수하는 내인성 인자, 으뜸 세포에서는 단백질 분해효소인 펩시노겐과 카제인을 응고하는 레닌, 점액목 세포에서는 위점막을 보호하는 점액을 포함하고 있다. G세포는 가스트린을 분비하는데, 이는 위액 분비를 촉진한다. 위는 단백질이 최초로 소화되는 기관으로, 펩시노겐은 염산에 의해 펩신으로 활성화되어 단백질을 폴리펩티드로 분해한다. 만약 벽세포에서 내인성 인자가 분비되지 않으면 혈액을 만들어내는 비타민 B_{12}가 흡수되지 않아서 비타민 B_{12} 결핍 악성 빈혈이 생길 수 있다.

4) 작은창자(소장, small intestine)

작은창자는 십이지장(duodenum), 공장(jejunum), 회장(ileum)으로 구분된다. 작은창자는 약 6m, 지름이 2.5cm의 관으로 융모가 있다. 융모는 대략 0.5~1.5mm의 높이로 약 40개 정도가 분포되어 점막의 표면적을 현저하게 증대시켜 영양소의 흡수율을 높인다. 융모를 통해 영양소가 흡수되면, 혈액과 림프를 통해 각 부분으로 이동한다.

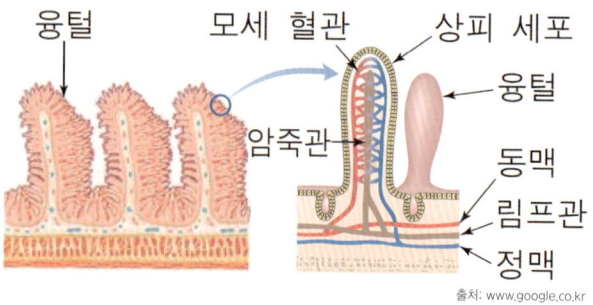

▲ 융모의 구조

　소장은 소화, 흡수가 주로 이루어지는 장소로, 3대 영양소의 최종분해가 일어나는 곳이다. 이 곳에서 이자액(아밀라아제, 트립신, 리파아제)이나 장액인 말타아제, 펩티다아제 중에 포함된 각종 소화효소와 간에서 분비된 쓸개즙(지방의 유화)의 작용으로 소화되어 수분과 함께 소장 점막에 흡수된다. 소장은 지질을 최초로 소화하는 기관이다.

　쓸개관과 이자관은 십이지장의 바터팽대부와 연결되어 있다. 그리고 소화와는 관련이 없지만, 회장에는 페이스판이라는 면역 역할을 담당하는 물질이 있다. 이는 장 건강과 면역에 관련이 있다는 의미이다. 융모는 가운데 암죽관이 있고 그 주위를 모세혈관이 둘러싸고 있다. 융모는 소화된 영양소와 접촉하는 표면적을 넓혀 영양소를 효과적으로 소화한다. 모세혈관은 수용성 영양소(포도당, 아미노산, 물 등)를 흡수하고 암죽관은 지용성 영양소(지방산, 글리세롤 등)를 흡수한다.

5) 대장(large intestine)

대장은 길이 1.6m, 지름 7.5cm이다. 소화액은 분비하지 않으므로 소화작용이 일어나지 않는다. 소장을 통해 대장으로 들어온 소화 잔여물에 있는 수분을 대장에서 필요한 만큼 흡수되고 고형 변이 형성되어 항문으로 배설된다. 이곳에는 대장균(E.coli)을 포함한 700종 이상의 박테리아가 정상적으로 존재한다.

대장은 맹장(cecum), 결장(colon), 직장(rectum)으로 이루어져 있다. 맹장은 충수와 역류를 방지하는 회맹판으로 이루어져 있다. 결장은 상행결장, 횡행결장, 하행결장, S자결장으로 이루어져 있다.

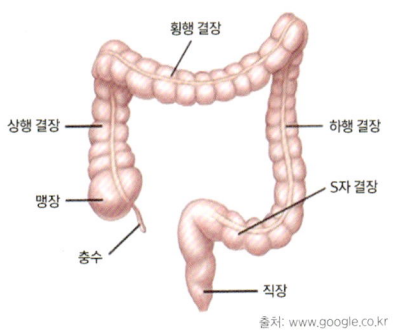

출처: www.google.co.kr

6) 직장(rectum)

직장(Rectum)은 대장의 제일 끝부분부터 항문까지의 부분으로 길이는 약 20cm정도 된다. 특별한 소화기능은 없으며 대변이 나오기 전에 잠시 보관하는 일을 한다.

7) 항문(anus)

항문은 소화기관의 최종부로써 분변을 배설하는 곳이다. 외괄약근, 내괄약근의 근육층이 있으며, 혈관분포가 많은 곳이다.

매일 따뜻한 물로 좌욕을 하는 습관을 들이면 항문 건강관리에 매우 유용하다.

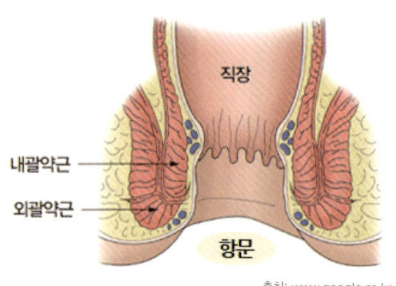

출처: www.google.co.kr

2. 영양소의 흡수와 정리

1) 간(liver)

간은 복강의 오른쪽 상부, 횡경막 바로 아래에 위치하는 1.5kg 정도로 어른 손바닥 크기 정도인데, 내부 장기중에 가장 큰 장기이다. 특히 간은 30% 정도 기능만 남아 있어도 정상 기능을 할 수 있으며, 70% 정도 간을 절제해도 6개월 내에 원상회복되는 기능을 가지고 있다.

이렇듯이 간은 재생능력이 뛰어 나기 때문에 일반적으로 간이식을 하는 경우에도 큰 문제되지 않는 것이다. 그리고 정말 다양한 기능을 하는데, 영양소의 저장 및 대사, 호르몬 대사, 쓸개즙(담즙) 생성과 빌리루빈 대사, 혈장단백질과 요소의 합성 그리고 알코올과 같은 유해물질 해독작용 및 약물 대사까지도 하는 엄청난 일을 하고 있는 기관이다. 이런 중요한 기관을 잦은 음주습관으로 간기능을 저하시키는 일은 건강증진을 위해서 자제함이 좋을 듯하다.

간기능이 저하되면 정말 낭패를 보는 경우가 많다. 간과 관련된 질병이 정말 다양하게 많으니 이 순간부터 주의하기 바란다.

간에서 만들어진 담즙은 담관을 통해 담낭에 저장하였다가 십이지장으로 분비된다. 담즙은 담즙염과 빌리루빈으로 이루어진다.

담즙염은 콜레스테롤로부터 만들어지며, 소화효소를 함유하고 있지 않지만 지질을 유화시켜 소화를 돕는다. 빌리루빈은 적혈구가 수명을 다해 파괴되면 생기는데 색깔이 노랗다. 따라서 대소변으로 배출되지 않고 다양한 질병원인에 의해 인체에 쌓이면 황달이 나타나고 심해지면 흑달까지도 생긴다.

2) 담낭

간 우엽 아래쪽에 위치해 길쭉한 가지(배) 모양의 주머니이다. 담즙을 저장하고 농축하는 것으로 이후 오디조임근을 통해 십이지장으로 이동된다.

하루에 생성되는 담즙양은 성별, 나이에 따라 개인차가 있으나 대체적으로 500~1,200ml 정도 된다.

3) 이자(췌장)

위와 십이지장 사이에 있는 가로로 긴 관으로 대표적으로 리파아제, 아밀라아제, 트립신 등의 소화효소를 분비하기도 하며, 인슐린과 글루카곤과 같은 호르몬을 분비하는 장기이다. 분비된 소화효소는 십이지장으로 이동한다. 이자액에는 알칼리성인 중탄산나트륨을 함유하고 있어 위에서 들어온 산성의 소화액을 중화시킨다.

4) 오디 괄약근(Oddi spincter)

오디괄약근은 십이지장 유두(바터팽대부)에 위치하여, 음식을 섭취하게 되면 자율신경에 의해 오디괄약근이 이완되어 소화작용에 필요한 담즙과 이자액이 소장으로 들어가게 되는 것이다.

🏋 인체에너지의 이용과 저장

에너지로 사용되고 남는 포도당은 글리코겐으로 저장된다. 그러나 여분의 아미노산, 지방산, 포도당은 모두 지방으로 전환되어 저장된다. 알코올은 7kcal/g를 발생하는데, 에너지원으로 사용되기도 하나 과잉 섭취 시 지방으로 전환되어 체내에 저장된다. 저장된 에너지는 필요시 글리코겐은 포도당으로 분해되고, 지방은 지방산과 글리세롤, 단백질은 아미노산으로 분해되어 에너지로 이용된다.

인체 에너지 대사량

기초대사량과 휴식대사량

1. 기초대사량(Basal Metabolic Rate, BMR)

　기초대사량은 생명을 유지하는데 필요한 최소한의 에너지량을 의미한다.

　체온유지나 호흡, 심장박동 등 기초적인 생명활동을 위한 신진대사에 쓰이는 에너지량으로 보통 휴식상태 또는 움직이지 않고 가만히 있을 때 기초대사량만큼의 에너지를 소모하게 된다. 1일 에너지 소모량의 60~70%에 해당한다.

　체온이 1도 상승하면 기초대사량은 13% 증가하듯이 기초대사량은 여러 가지 요인에 영향을 받는데 주된 영향 요인으로는 체중이 많을수록 필요 에너지가 증가되며, 노화로 인해 대사속도가 감소하므로 나이가 들수록 BMR이 낮다.

　대체적으로 남성은 여성보다 근육량이 더 많아 BMR이 높으나 요즘은 남성 못지않게 근육 운동을 즐기는 여성들이 증가하는 추세이다. 일일 에너지 소비량은 기초대사량에 활동 대사량과 소화 및 흡수 대사량을 더한 값인데, 일일 에너지 소비량을 고려하여 식단을 계획하고 칼로리 섭취를 조절하는 데 도움이 되기 때문에 알아두면 유용하겠다.

2. 휴식대사량(안정시 대사량, Resting Metabolic Rate, RMR)

기초대사량과 유사한 개념이지만 약간 다르다. 기초대사량을 포함하여 휴식시에 소비되는 대사량인데, 생명유지를 위해서 필요한 기초대사량과 휴식시에 소모되는 대사량은 다르다. 기초대사량에 비해 5%정도 많다. 하루 총소비 에너지의 65~75%를 차지한다. 실제 생활에서의 에너지 소비를 더 정확하게 반영한다.

3. 신체 활동 대사량

인체가 의식적인 근육활동을 할 때 소비하는 에너지를 말하며, 1일 에너지 소비의 15~30%를 차지한다. 활동의 종류, 활동 강도, 및 활동 시간에 따라 달라진다. 근육이 많을수록 에너지 소비량이 많아진다. 정신활동은 생각보다 에너지 소비를 별로 증가시키지 않는다.

4. 식사성 발열효과(Thermic effect of food, TEF)

식사성 발열효과는 식사후 증가된 에너지 소비량(Postprandial energy expenditure, PPEE) 값에서 공복상태에서의 휴식 대사량 (RMR) 값을 뺀 차이값으로 정의한다. 섭취한 식품이 장에서 소화, 흡수되는 과정과 각 영양소가 체내에서 운반, 대사되는 과정에서 소비되는 에너지이다. 식사후 1시간 지난후에 가장 높으며, 5시간 정도 후에는 식사성 발열효과로 인한 에너지 소비가 없어지는데, 이 에너지는 열로도 발산되어 체온이 상승하는 효과가 있다

5. 적응대사량

인체는 항상 일정한 상태를 유지하려는 항상성(Homeostasis) 조절 기능이 작동하고 있는데, 변화하는 환경에 항상성을 유지하기 위해 소비하는 에너지로 이해하면 되겠다. 예를 들면 추위나 더위에 노출되거나 감염이나 손상, 운동수행에 따른 발열 반응외에도 다양한 내외부 스트레스 등의 상황에서 신경 및 호르몬 분비의 변화에 의해 열이 발생하고 소비되는 에너지이다.

호흡상(호흡계수: respiratory Quotient)

탄수화물이 산화될 때는 6분자의 산소가 필요하고 6분자의 이산화 탄소가 발생하므로 호흡상은 1이다.

$C_6H_{12}O_6$(포도당) + $6H_2O$ - $6CO_2$ + $6H_2O$: 호흡상은 6/6 = 1

지방은 탄수화물에 비해 분자내 산소 함유량이 적어 연소될 때 탄수화물보다 더 많은 산소가 필요하게 되므로 지방의 호흡상은 0.7이다.

$$2(C_{57}H_{110}O_6) + 163O_2 - 114CO_2 + 110H_2O : 호흡상 = 114/163 = 0.7$$

단백질은 원소 조성이 일정하지 않고 소변으로 배설되는 요소로 인한 에너지 손실이 있어 호흡상이 정확하지 않은데, 소변으로 배설되는 질소를 제외하고 계산하면 0.8 정도로 추정한다. 0.7에 가까울수록 지방 산화가 많은 것이고, 1에 가까울수록 탄수화물 산화가 많은 것이다. 예를 들어 유산소 운동인 걷기나 조깅을 하는 경우 호흡상은 0.7에 가까우며, 무산소 운동(저항성 운동)인 근력 운동을 하는 경우는 호흡상이 1에 가까워진다.

일반식을 하는 경우 호흡상은 0.85정도이다.
호흡계수를 이용해서 운동 강도 조절을 하면 지방 소모량을 올릴 수 있는 운동이 어떤 것인지 잘 이해 될 것이다.

에너지 소비량 계산

중강도의 활동을 하는 사람의 경우 기초대사량은 하루 소비에너지의 60~70%를 차지하고 신체 활동 대사량은 15~30%를 차지하며, 식사성 발열효과는 총에너지 소비량의 10%정도를 차지한다. 이는 남녀차이, 연령차이, 활동의 종류, 활동강도, 활동시간 등에 따라 다르게 나타난다.

🏋 기초대사량 산출 간편 계산식

성인남자 : 기초(휴식)대사량 1kcal × kg × 24시간
성인여자 : 기초(휴식)대사량 0.9kcal × kg × 24시간

비만의 분류

1. 지방세포 증식형 비만(hyperplastic obesity)

지방세포의 수가 증가하는 경우는 임신중 태아, 소아기, 사춘기 등으로 일정한 시기가 있다. 이 시기에 지방세포의 수가 증가하는데, 이때 과식이나 운동부족으로 비만이 되면 지방세포의 수가 늘어나게 되어 정상화시키는 것이 어려워져 비만치료가 힘들어 진다.

따라서 "세 살버릇 여든 간다" 했는데, 청소년기에 운동 습관을 갖는 것이 특히 중요한 이유가 되겠다.

2. 지방세포 비대형 비만(hypertrophic obesity)

지방세포의 크기가 증가하면서 생기는 비만을 말하는데 성인기 이후 대부분의 비만이 지방세포 비대형이다. 과다 섭취한 에너지는 주로 지방세포의 크기를 증대시키고 적절한 운동과 다이어트 습관이 길러지면 지방세포 크기가 줄어들어 비만이 해소되는 개념이다.

3. 남성형 비만(상체 비만)

지방이 주로 복부에 축적된 복부비만, 내장비만, 간, 췌장, 심장 같은 주요 특정 장기에 있는 이소성 비만같은 것을 일컫는다. 주로 남성형 비만은 사과형 비만이라고 하며, 당뇨병, 고혈압, 고지혈증, 심뇌혈관성 질환 등의 합병증이 많이 발생된다.

4. 여성형 비만(하체비만)

일반적으로 지방은 근육, 간, 지방세포에 축적되는데 주로 허벅지, 종아리 같은 하체에 축적된 비만인데 서양배 모양 비만이라고도 한다. 이렇듯이 하체비만은 상체비만보다 혈관성 또는 내분비계 합병증은 적다.

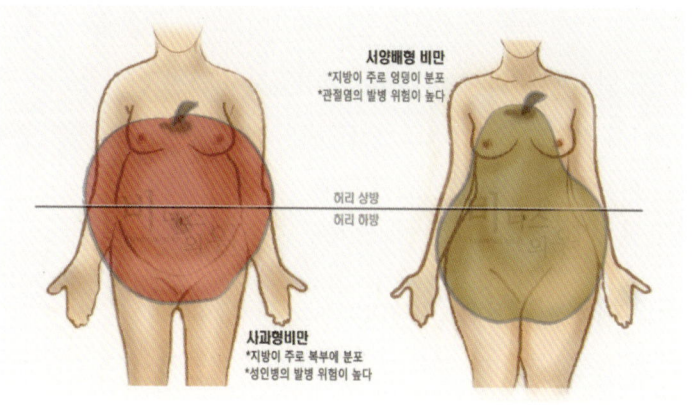

출처: myvenus.co.kr

운동 중 사용하는 에너지 체계

ATP-크레아틴인산(무산소 시스템), 젖산(무산소성 시스템), 미토콘드리아에서 산소를 이용하여 생성하는 유산소 시스템의 에너지 생산 3가지 시스템을 사용하여 에너지원을 단계별로 사용한다.

1. ATP-크레아틴인산(ATP-phosphoCreatine) 시스템

인원질 시스템(ATP-PC System)이란, 우리 몸의 근세포속에 저장되어 분해시 다량의 에너지가 발생되어 즉시 사용할 수 있는 ATP를 지니고 있다. 무산소성 해당과정으로 소량의 ATP가 저장되어 있기 때문에 단시간 폭발적인 힘을 낼 때 사용되는 에너지 시스템이라 이해하시라. 예를 들어, 바벨이나 전력 질주하는 100m 달리기할 때처럼 말이다.

$$PC(phosphocreatine) \rightarrow Pi + Creatine + 에너지$$
$$\uparrow$$
$$creatine\ kinase(효소)$$
$$ADP + Pi \rightarrow ATP$$

아주 소량 저장되어 있는 PC가 ADP를 ATP로 전환시켜 필요 에너지를 공급한다. 최대 ADP는 1~2초 후 고갈이 되고, PC에 의해 공급되는 ATP도 10초 이내에 고갈된다. 대게 30초 이내의 고강도 운동에 적합한 에너지 시스템이다. 그렇기 때문에 ATP를 지속적으로 공급하려면 근육속에 있는 크레아틴 인산을 분해하여 다시 ATP로 생성해야 한다. ATP 분자가 분해 될 때 7~12kcal 에너지가 방출한다. 이렇게 방출되는 에너지는 근수축의 직접 에너지원이 된다. 그러나, 운동을 지속하기 위해서는 간과 근육에 저장된 글리코겐을 분해하여 만든 포도당으로부터 ATP를 생성하기 시작한다.

에너지 공급계와 스포츠 종목과의 관계		
운동시간	주된 에너지 공급계	스포츠 종목의 예
30초 이내	ATP-PCr계	투포환, 100~200m 달리기, 도루, 골프와 테니스의 스윙, 50m 경영, 풋볼의 러닝 플레이, 축구의 골키퍼
30초 ~ 1분 30초	ATP-PCr계와 해당계	400m 달리기, 500~1,000m 스피드 스케이팅, 100m 경영
1분 30초 ~ 3분	해당계와 유산소계	800m 달리기, 200m 경영, 체조, 복싱, 레슬링
3분 이상	유산소계	구기 종목, 1,500~10,000m 달리기, 마라톤, 400~1,500m 경영, 크로스 컨트리 스키, 자전거 로드 레이스, 트라이애슬론

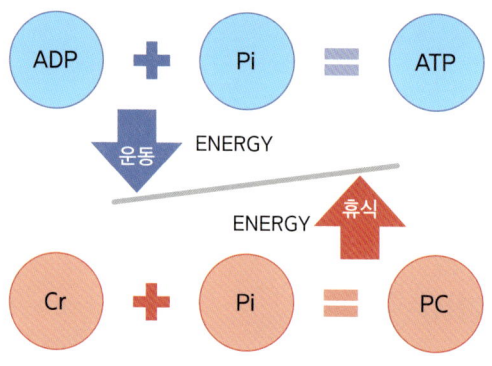

출처: www.google.co.kr

2. 젖산 시스템

 운동을 시작하고 운동 강도를 점차 높이는 1~2분 동안에 인체는 빠른 속도로 포도당으로 부터 ATP를 얻는다. 이를 젖산 에너지 체계(lactic acid energy system)라고 하는데, ATP-크레아틴인산과 마찬가지로 산소 공급 없이 에너지를 얻는 과정이다. 포도당은 크레아틴인산에 비해 많은 양이 체내에 저장되어 있으며, 이 과정에서 젖산이 부산물로 생성된다.

 일부의 젖산은 피루브산으로 전환되어 산소를 사용하여 에너지를 내기도 하지만, 대부분은 세포내에 축적되어 조직세포를 산성화 시키게 되어 포도당 분해를 저해하고 근육 피로를 느끼게 한다.

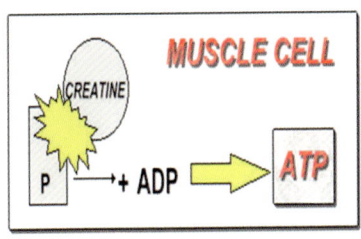
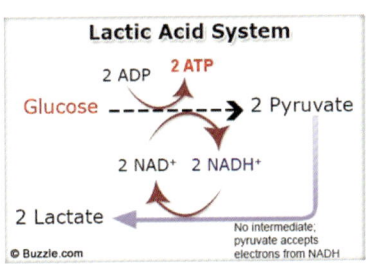

출처: www.google.co.kr 및 Buzzle.com

 그러나, 한편에서는 젖산은 근육의 활동을 증진시키는 인자이고, 이로 인해 증가된 칼륨이나 칼슘의 농도에 의해서 지연성 근육통이 유발된다고 주장한다. 지연성 근육통이 젖산 때문이다, 아니다 라는 논쟁이 있다는 것은 알고 넘어가자. 이러한 에너지 공급 체계 이후에도 운동을 지속하기 위해서는 인체는 산소를 사용하여 에너지를 발생하는 유산소 시스템으로 전환해야 한다.

3. 산소 시스템(미토콘드리아의 유산소 반응)

운동을 장시간 지속하는 경우에는 미토콘드리아에서 산소를 사용하는 유산소 반응을 통해 ATP를 생성한다. 이 과정은 ATP-크레아틴인산과 젖산에너지 체계에 비해 많은 양의 ATP를 생성하며, 주로 포도당과 지방을 이용하여 에너지를 발생한다. 미토콘드리아의 에너지 발생체계로 에너지를 생성하기에는 비교적 긴 시간이 소요된다. 인체가 운동을 시작하고 2~3분 정도가 지나면 총 근육 에너지 필요량의 50%, 30분이 경과하면 약 95%, 2시간 이상 경과하면 98% 이상이 이 과정을 통해 에너지를 생성하게 된다.

2 탄수화물

탄수화물

 (CH$_2$O)n로 불리는 유기성분이며, 주 에너지원으로써, 1g당 4kcal의 에너지를 제공하는 당질과 생리적 역할을 하는 식이섬유를 포함한다. 총 필요한 에너지의 약 50% 이상을 간과 근육에 저장한다. 특히 우리나라처럼 탄수화물 위주의 음식 문화에서는 많게는 80%까지도 에너지를 제공하기도 한다.

 탄수화물 섭취가 줄어들게 되면, 지방과 단백질을 에너지원으로 사용하지만, 단백질은 인체의 조직을 형성하고 복구하는데 사용하고 있기 때문에 단백질을 가급적 에너지원으로는 사용하지 않으려는 경향이 있으나, 극도로 탄수화물 섭취가 줄어들고 에너지 사용량이 늘어나게 되면 탄수화물, 지방, 단백질의 순서로 에너지원으로 동원된다.

 지방을 에너지원으로 많이 사용하면 케톤이 축적되는데, 케톤은 강한 산성을 띄고 있기 때문에 산염기 평형이 깨지면서 케톤산증이 생기게 된다. 따라서 케톤산증이 생기면 입에서 아세톤 냄새가 나는데 탄수화물 섭취를 늘리면 케톤증을 방지 할 수 있다.

 탄수화물을 필요 이상으로 섭취하면 지방으로 체내에 쌓이게 되므로 주의를 요한다. 대표적인 탄수화물 급원으로는 쌀, 밀가루, 옥수

수, 고구마, 감자, 빵, 밤, 설탕, 초콜릿, 사탕 등에 많이 함유되어 있다.

탄수화물의 체내 기능

1) 에너지 공급

인체는 음식물로부터 활동에 필요한 에너지를 지속적으로 공급받아야 하는데, 주된 에너지 공급원이 바로 탄수화물이다.

탄수화물 1g은 체내에서 대사되어 4kcal를 제공하며, 소화흡수율은 평균 98%로써 섭취한 탄수화물의 대부분이 흡수되어 체내에서 이용된다.

흔히들 다이어트를 한다고 하면 탄수화물부터 줄이게 되는데, 탄수화물을 줄여본 분들은 잘 이해가 될 것이다. 탄수화물을 하루만 줄여보면 뇌로 공급되는 포도당이 감소되면서 매우 예민해지고 신경질적으로 바뀌는 것을 느꼈을 것이다.

지질이나 단백질도 에너지를 공급하는 기능이 있으나 뇌, 적혈구, 신경세포는 포도당을 주된 에너지원으로 이용하므로 이들 세포의 기능유지를 위해 탄수화물 섭취는 필수적이다. 그래서 공부하는 청소년들은 아침 식사를 꼭 하라는 이유가 이 때문이다. 아침을 굶고 등교하게 되면 뇌공급 포도당이 줄어들면서 쉽게 집중력이 떨어지고 기억력도 저하된다.

운동과 영양은 의학이고 과학이라는 것을 기억하자.

2) 단백질 손실 예방

 탄수화물 섭취가 중단되거나 줄어들면 혈당이 낮아지게 된다. 뇌, 적혈구, 신경세포 등의 주요 에너지원인 포도당을 공급하기 위해 혈당치를 올려야 된다. 이 때 단백질 등으로부터 포도당을 새로 합성하는 포도당 신생합성이 이루어진다. 주로 간과 신장에서 체조직 단백질은 아미노산으로 분해되고, 아미노산으로부터 포도당을 생성한다.

 따라서 탄수화물을 적절히 섭취해 혈당을 유지하면 에너지 공급이 원활하여 체단백질의 분해는 억제되므로 단백질 손실을 예방할 수 있다. 운동을 하지 않고 탄수화물을 줄이면서 다이어트를 한다면 근육 손실은 불가피하다는 것이다. 따라서 근육 손실없이 다이어트에 성공하고 싶다면 운동을 반드시 병행해야 한다.

3) 케톤증 예방

 탄수화물 섭취가 부족하거나 당뇨병, 기아, 만성 알코올 중독과 같이 탄수화물 이용이 어려운 경우에는 주로 체지방이나 체단백질을 분해하여 에너지원으로 사용한다.

 체지방을 주된 에너지로 사용할 때 다량의 아세틸CoA가 생성되는 반면, 뇌와 적혈구의 에너지원으로 포도당을 공급하기 위해 옥살로아세트산으로부터 포도당을 신생 합성하므로 옥살로아세트산은 거의 고갈되고 이로 인해 TCA회로는 원활히 진행될 수 없다. 따라서 아세틸CoA는 TCA회로로 들어가는 대신 케톤체를 다량 생성하여 포도당을 절약하고 근육 손실을 방지한다.

조직에서는 케톤체가 지방산보다 이용하기 쉬운 에너지 형태이다. 그러나 케톤체 생성량이 많아 혈액중에 그 양이 증가하면 케톤증이 유발되어 식욕부진을 비롯한 다양한 합병증세를 보인다. 혈액이 산성으로 기울어져 산혈증이 나타나고 호흡곤란과 대사이상 등의 증세를 보이다가 결국 혼수상태에 빠지게 된다.

이러한 케톤증을 예방하기 위해 하루에 최소한 50~100g의 탄수화물 섭취가 필요하다. 밥 1공기(210g)에는 탄수화물이 69g 함유되어 있으므로 비교적 쉽게 섭취할 수 있다. 따라서, 극단적으로 탄수화물을 줄인 다이어트는 잘못하면 혼수상태로 갈 수도 있다는 말이다. 최소한 하루에 밥 한공기 정도의 탄수화물은 공급되어야 한다는 말이다. 다이어트는 과학적으로 접근해야 성공한다.

4) 단맛제공

단맛의 강도는 당류의 종류에 따라 차이가 있다. 설탕의 단맛을 1.0이라 할 때, 과당 1.7, 전화당 1.3, 포도당 0.7, 맥아당 0.4, 유당

0.2 정도이다.

밥을 오래 씹으면 단맛이 나는 것도 탄수화물이 분해되면서 당으로 대사되어 단맛이 나는 것이다.

탄수화물의 분류

우리나라 사람들은 대부분, 1일 소모하는 에너지의 50~80% 정도를 탄수화물 음식으로부터 섭취하는데, 이러한 탄수화물은 크게 두 가지, 단순 당류(단당류, 이당류)와 복합 당류(다당류, 올리고당)로 분류할 수 있다.

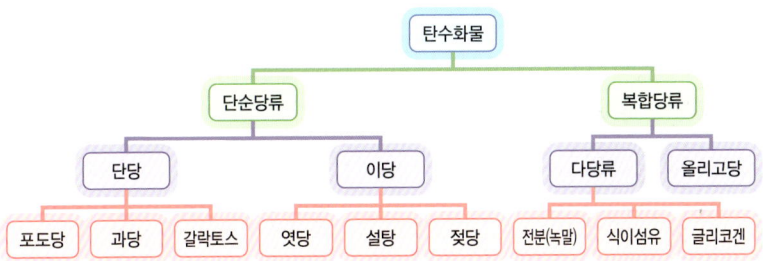

1) **단순탄수화물** – 단당류와 이당류로 구성되며, 단당류로는 포도당, 과당, 갈락토오스가 있고, 이당류로는 설탕(서당), 맥아당(엿당), 유당(젖당) 등이다.
2) **복합탄수화물** – 올리고당과 다당류로 분류되며 다당류는 동물성 저장형태인 글리코겐과 식물성 저장 형태인 전분(녹말), 식이섬유 등이 있다.

1. 단당류(Monosaccharide)

식품에 가장 흔한 단당류는 육탄당으로 포도당, 과당, 갈락토오스, 만노스가 있다. 오탄당으로는 리보스, 디옥시리보스, 아라비노스, 자일로스가 있다.

단당류는 광학활성도에 따라서 D-type, L-type로 두가지 이성질체가 있는데, 생체내에서 대사되는 단당류는 D-type이다. 생체내에서 대사되지 않는 L-type은 주로 감미료로 사용된다.

1) 포도당(Glucose)

혈당의 급원이자 체내 당대사의 중심물로써 세포내 ATP를 제공하는 주요 에너지 공급원이다. 일부는 아미노산으로 전환되어 단백질을 합성하거나, 지방으로 전환되기도 하며, 일부는 글리코겐으로 전환되어 저장된다.

뇌, 신경조직과 적혈구는 포도당을 주 에너지원으로 사용하는데, 이로 인해서 공부하는 학생들은 탄수화물 위주의 아침밥을 반드시 충분히 먹도록 권하는 것이 좋겠다. 왜냐하면 뇌신경을 활발히 활동하도록 할 수 있기 때문인데, 아침밥을 먹지 않으면 뇌세포 에너지 고갈이 빨라질 것이다. 결론적으로 공부하는 성장기에 있는 학령기에는 꼭 아침 식사를 챙겨 먹어야 키 성장도 잘되고 공부도 잘 할 수 있다. 중년이후에 아침을 가볍게 먹는 것과는 또 다른 개념이다. 나이가 들어가면 대사기능이 성장기와는 판이하게 달라지기 때문에 생애주기별로 식습관에 차이도 있다는 것이다.

2) 과당(果糖,Fructose)

채소, 과일, 꿀 등에 함유되어 있으며 단맛이 가장 강해 설탕(포도당+과당)과 함께 감미료로 주로 사용된다.

과당(fructose)은 포도당의 이성질체인 당류의 하나로, 과일에 많이 함유되어 있기 때문에 이러한 명칭이 붙었다.

단당류 중 육탄당에 해당하며, 포도당과 함께 열매의 과육 속에 유리 형태로 들어 있거나 포도당과 결합하여 설탕(포도당+과당) 형태로 존재한다. 또한 설탕이 꿀벌의 소화기관에서 분해되어 나오는 꿀에도 다량으로 존재한다. 과당은 당류 중 감미가 가장 강하지만, 열에 약하기 때문에 열을 가하면 구조가 파괴되어 단맛이 떨어진다.

이당류인 설탕에 비해 분자가 작고 단순하기 때문에 깔끔한 맛이 나서 덜 질린다. 분자가 작고 단순하다는 것은 그 만큼 사람의 몸에 들어가서도 빠르고 효율적으로 흡수된다는 것을 의미한다.

포도 다이어트, 과일 다이어트라는 말을 들어본 적 있을텐데, 이런 과일 다이어트가 성공하기 쉽지 않은 이유를 이제는 이해될 것이다. 과일을 많이 먹게되면 탄수화물보다 혈당이 급상승하게 되어 남는 과당 때문에 포도당이 지방으로 더 많이 저장된다. 운동을 죽기 살기로 하더라도 과일 섭취가 많으면 칼로리 조절이 쉽지 않게 될 것이다.

운동처방 상담을 하다보면 탄수화물을 많이 줄였는데 살이 안빠진다는 말을 자주 듣게 되는데, 과당에 대해서 잘 몰라 과일은 몸에 좋다는 고정관념 탓에 밥은 줄였지만 허기진 배를 채우기 위해 과일을 훨씬 많이 먹고 있는 경우가 참으로 많았다. 과일과 야채를 구별했으면 한다.

일반적으로 식품에 사용되는 과당은 전분을 분해해서 대량 생산하며, 음료수, 과자 등에 사용된다. 일부 희석식 소주에 첨가해 놓고 순수 천연 과당이라 하는데 속지말자. 원료인 전분 중에서 압도적으로 쓰이는 것이 미국에서 많이 생산되는 옥수수 전분이며 기호 가공 식품 중에는 과당이 안 들어가는 것이 없을 정도이므로, 옥수수를 모든 가공식품의 원료라고 해도 과언이 아닐 정도이다.

과거에는 "무설탕"이라고 제품에 표기하고 이 과당, 특히 액상과당을 이용해서 인공적으로 단맛을 내는 경우가 많았다. '설탕'이란 말을 매우 좁은 의미로 해석한 꼼수인데 당연히 지금은 법이 제정되어 안 통한다. 과거에는 이런 식으로 비싼 값에 많이들 팔았는데 당뇨병 환자들이 단맛은 즐기고 싶어 무설탕이라는 말에 현혹되어 먹어도 혈당이 안 오르는 것으로 생각해서 안심하고 먹다가 주치의

에게 혼나는 경우도 많았다.

 싸고 맛있지만, 많이 섭취하는 경우 비만을 일으키는 등 건강에 해롭다. 특히 액상과당은 설탕보다도 건강에 더 나쁘다는 것이 중론이다.

출처: medicalnewstoday.com

 이쯤되면 믿고 안심하고 먹을 것도 없네라는 생각이 들 것이다.
 그래서 아는 것이 힘이라는 말이 있잖은가? 이 책을 접한 독자들은 처음에는 다소 어려울런지 모르겠지만 반복해서 읽다보면 건강 증진하는데 도움을 받을 것으로 생각한다.

 우리 몸의 세포는 포도당을 에너지원으로 사용하도록 만들어져 있다. 우리가 섭취하는 다당류, 즉 탄수화물은 몸에서 포도당으로 분해되어 혈액을 타고 온몸에 에너지를 공급하며, 몸에 에너지를 공급하고 포도당이 남게 되면 비로소 간으로 이동, 글리코겐으로 변환되어 간과 근육에 저장된다. 그런데 체내 글리코겐 저장량은 한계가 있기 때문에 글리코겐이 포화된 경우에도 포도당이 남아 있을 경우에는 지방대사를 통해 체지방(트리글리세라이드)으로 저장한다.

그런데 인체는 과당을 직접 활용하지 못하므로 대부분의 과당은 에너지 대사에 이용되지 못하고 간으로 직행한다. 간은 과당을 포도당과 글리코겐으로 전환한다. 즉, 과당은 포도당과 글리코겐 2개를 동시에 채워주는 것이며, 따라서 잉여 혈당의 글리코겐화를 위해 췌장에서 인슐린을 분비하는데 드는 에너지와 인슐린 신호를 받고 잉여 포도당을 글리코겐으로 가공하는데 드는 에너지를 절약해주는, 끝내주는 열량 대비 효율을 자랑한다. 고강도 운동으로 인한 에너지 고갈이나 영양 결핍의 빠른 해소에는 과당만큼 좋은 것도 없는 것 같다. 이런 이유로 운동 이후 구연산이 함유된 과즙 음료를 30분 이내에 마시게 되면 근육 피로 회복에 많은 도움이 된다.

그러나 반대로 활동량이 적은 상태에서의 농축과당 섭취는 고스란히 3중 치명타로 작용한다. 저절로 글리코겐 포화가 일어나다 보니 인슐린을 분비할 필요가 없어 췌장 기능이 퇴화하는 것은 물론, 당연히 잉여 포도당의 체지방 전환률이 대폭 상승해서 급격한 비만과 제2형 당뇨로 이어진다. 글리코겐 포화 상태가 지속되면 당연히 인슐린 감수성도 감소하니까. 거기에 포만감이 낮아 과식까지 유발되기도 한다.

농축과당(엑기스, 과즙)은 답도 없지만, 그래도 비교적 생과일의 과당은 함량도 적고 섬유질 때문에 흡수속도가 늦어서 이상작용이 덜한 편이니 많이 먹지만 않는다면 과일도 못먹겠네 라고 할 필요는 없다.

즉 정제된 과당이 들어간 식품은 섭취를 안하는게 제일이며, 굳이 먹어야 한다면 최대한 적게 섭취하는 것이 좋다. 무엇보다도 꾸준한 운동을 통해 효율적으로 에너지 소모를 시키면 된다.
운동과 영양은 병행되어야 건강증진을 제대로 이룰 수 있다.

3) 갈락토오스(galactose)
유즙에 함유되어 있는 유당의 성분이다.

생체내, 특히 뇌에서 당단백질과 당지질의 성분이 되므로 뇌 발달이 왕성한 영유아에게 필수적인 단당류이다. 갈락토오스는 6개의 탄소 원자가 포함된 단당류이고, 알데하이드기를 가지고 있는 알도스이며, 화학식은 $C_6H_{12}O_6$이다. 포도당만큼 단맛이 나는데, 즉 설탕의 70% 정도의 단맛을 낸다. 갈락토오스라는 이름은 그리스어 "galaktos(milk)"와 당을 뜻하는 화학 접미사인 "-ose"에서 유래되었다.

4) 만노스(mannose)

주로 식품 중에 포도당과 결합하여 만난이라는 다당류의 형태로 존재하며 특히 곤약에 많다. 생체내에서는 주로 단백질과 결합된 형태를 이룬다.

만노스는 6개의 탄소 원자가 포함된 단당류이고, 알데하이드기를 가지고 있는 알도스이며, 화학식은 $C_6H_{12}O_6$이다. 만노스는 물질대사, 특히 특정 단백질의 글리코실화에서 중요하다.

5) 오탄당(五炭糖, pentose)

오탄당은 5개의 탄소 원자를 갖는 단당류이다. 알데하이드를 갖는 알도펜토스와 케톤을 갖는 케토펜토스로 나뉜다.

리보오스와 디옥시리보오스는 핵산의 구성성분으로서, 리보오스는 RNA를 구성하고, 디옥시리보오스는 DNA를 구성한다. 그외 인체내에서 거의 이용되지 못하는 아라비노오스와 자일로오스는 주로 다당류 형태로 식물의 세포막을 구성하는데, 초식동물은 이들을 에너지 원으로 사용한다.

2. 이당류(二糖類, disaccharide)

이당류는 두 개의 단당류가 글리코사이드 결합에 의해 연결된 것으로 맥아당(엿당, maltose), 서당(설탕, sucrose), 유당(젖당, lactose)이 있으며, 모두 포도당을 포함하고 있다. 단당류와 마찬가지로 이당류는 물에 용해된다. 그러나, 유당은 물에 잘 녹지 않는다.

출처: 닥터스키니

1) 맥아당(엿당, maltose)

엿기름을 뜻하는 말트(malt)에서 유래되어 두 개의 포도당이 결합된 형태인데, 전분이 가수 분해되어 생성되고 엿기름에 많다. 엿당, 맥아당(麥芽糖) 또는 말토스(Maltose)는 이당류의 하나로서 화학식은 $C_{12}H_{22}O_{11}$이며, 두 개의 포도당이 $\alpha-1, 4$ 글리코사이드 결합으로 결합한 것이다. 맥아(麥芽)당이라는 이름에서 알 수 있듯이 발아 중인 보리 등의 씨눈에도 존재하며, 물엿, 특히 '맥아 물엿'의 주성분이다.

아밀라아제라는 효소가 녹말을 분해하면서 생성된다. 비슷하게 밥을 오래 씹으면 단맛이 나는 것도 침 속의 아밀라아제에 의해 쌀의 녹말이 말토스로 분해되기 때문이다. 말토스가 분해되면 2개의 포도당 분자로 된다.

말토스의 생성은 곡물주의 양조과정에서 중요하다. 효모가 말토스를 분해해서 알코올을 만들기 때문이다. 효모는 직접 다당류인

2. 탄수화물

녹말을 분해하지 못한다. 즉 효모의 먹이는 단당류인 포도당이나 이당류인 설탕(자당) 및 말토스인 셈이다. 양조 과정에서는 보통 맥아를 써서 말토스를 지속적으로 공급한다. 맥아에 아밀라아제가 많으므로 곡물에 맥아를 첨가하면, 곡물의 녹말이 분해되어 말토스로 되고 이것이 효모의 발효 대상이 된다.

2) 서당(설탕, 자당, sucrose)

포도당과 과당이 결합하여 주로 설탕으로 이용된다. 과즙이나 사탕수수, 사탕무에 많다. 순수한 설탕은 자당(蔗糖, sucrose)이라고 한다. 자당의 비율이 높을수록 흰색을 띠며, 백설탕은 자당 그 자체. 당연히 자당의 비율이 높을수록 열량도 높다. 왜 다이어트를 위하고 건강을 위해서 백설탕보다는 중설탕, 흑설탕을 대체하자는 의미를 알겠는가? 흑설탕, 중설탕 보다 백설탕이 단맛도 강하고 열량도 가장 높기 때문이다.

설탕은 1분자의 과당과 1분자의 포도당이 글리코사이드 결합으로 연결된 이당류이며, 화학식은 $C_{12}H_{22}O_{11}$이다. 설탕은 자연상태의 식물에서 추출한 설탕을 정제해서 만든다.

인간의 소비를 위해, 사탕수수 또는 사탕무로부터 설탕을 추출하여 정제해서 결정화 과정을 거쳐 생산한다. 생성된 결정체는 투명하고, 무취이며, 단맛이 나며 흰색으로 보인다. "수크로스

(sucrose)"라는 단어는 프랑스어 단어 "sucre"(sugar를 의미함)와 당을 의미하는 화학 접미사인 "-ose"를 결합해서 단어를 만들었다.

3) 유당(젖당, lactose)

포도당과 갈락토오스가 결합한 것인데, 단맛이 약하고 물에 잘 녹지 않는다. 유당은 장내 유익한 세균인 유산균의 발육을 촉진한다.

유당은 우유에 함유된 물질이다. 유당 분해 효소인 락타아제가 부족한 사람이 유당을 섭취하면, 유당이 소장에서 삼투 현상에 의해 수분을 끌어들임으로써 팽만감과 경련을 일으키고, 대장을 통과하면서 설사를 유발하는데, 이러한 현상을 유당분해 효소 결핍증이라 한다.

필자도 진료하다 보면 이런 분들이 가끔씩 있는데, 잦은 배탈 설사 때문에 일상 생활하는데 불편을 많이 호소한다. 락토오스는 1분자의 갈락토오스와 1분자의 포도당이 연결된 이당류이며, 화학식은 $C_{12}H_{22}O_{11}$이다. 젖당, 유당(乳糖)이라고도 한다. 락토오스는 우유 중량의 약 2~8%를 차지한다. "락토오스(lactose)"의 이름은 "우유"를 뜻하는 라틴어 "lactis", "lac"과 "당(糖)"을 뜻하는 접미사 "-ose"의 결합으로부터 유래하였다.

3. 올리고 당류(Oligosaccharide)

　3~10개의 단당류로 구성된 올리고 당류에는 콩이나 팥에 함유되어 있는 라피노스(raffinose)와 스타키노스(stachynose) 등이 있다.
　'올리고(oligo-)'란 '적다'는 뜻으로, 당 단위체의 수가 몇 개 안되는(3~10개 사이) 정도인 당을 말한다. 액체로 유통된다. 다당류이니 만큼 소화시키는 데 드는 에너지가 많이 필요하고, 장에 사는 젖산균인 유산균이 올리고당을 먹이로 활용하므로 장의 연동 운동을 촉진하는 유산균의 수가 증가하여 변비 등을 막아주는 역할도 한다.

　프리바이오틱스의 일종이다. 역으로 말하자면, 다당류를 많이 먹으면 설사 확률이 높아지고 장 속 가스 발생 양이 증가한다.
　따라서, 설탕 대용으로 많이 사용되고 있지만, 시중에 파는 올리고당 상당수에 이미 설탕이나 액상과당이 섞여 있고 또 단 맛 자체가 덜하다보니 올리고당을 더 많이 넣게 되어 결과적으로 큰 차이가 없다는 주장도 있다. 자연식으론 양파, 마늘, 콩, 과일 등에 들어 있다.

　당 단위체가 3~10개면 되니 종류도 많고, 그 중 어느 올리고당이 효과가 좋은지도 아직 정확히 연구되어 있지 않다.
　라피노스(raffinose)는 갈락토오스-포도당-과당으로 연결된 삼당류이고, 스타키노오스(stachynose)는 갈락토오스-갈락토오스-포도당-과당으로 연결된 사당류로서 대두, 완두, 밀기울, 통곡에 다량 함유되어 있다. 올리고당은 구성 단당류의 결합방식이 소장내 소화효소에 의해 가수분해되지 않는 형태이므로 에너지를 거의 생성하지 않는다. 설탕보다 감미도가 적고 혈당치를 개선하여 당뇨병 환자에게 도움이 된다.

❓ 올리고당은 다이어트에 효과가 있는가?

엄밀히 말하면 전에 자주 먹던 설탕을 올리고당으로 바꾸는 것만으론 별 효과가 없다. 이유는 올리고당도 엄연히 당이고, 설탕보다 소화 흡수율과 혈당 지수가 낮긴 해도 그렇게까지 낮은 건 아니기 때문이다. 또한 시중에 파는 올리고당은 거의 액상 과당이 어느 정도 섞여 있어 올리고당의 효율은 떨어진다. 물론 운동을 꾸준히 하고 식이조절을 어느 정도 한다면 올리고당으로 바꾸는 것도 나쁘진 않다.

우리는 뭔가 광고가 되고 조금 특이하게 보이면 좋을까 싶어 많이들 관심을 갖고 사용해 보는데, 올리고당의 경우도 마찬가지이다. 평소 먹어왔던 입맛에 맞추려는 경향 때문에 단맛이 약하면 올리고당이니 많이 넣어도 괜찮은 것처럼 생각하고 많이 사용하면, 당뇨병에 별로 도움도 안되고 오히려 가성비만 낮아진다.

올리고당을 단 맛 그 자체로 먹기보다는 음식의 윤기를 위해 소량 첨가하는 것이 더 좋다. 대표적으로 비엔나 소세지 야채 볶음이 있는데 감칠맛을 위해 설탕을 넣는 것을 올리고당으로 바꾸기만

해도 당분 섭취량 감소효과가 있다.

4. 다당류(多糖類, polysaccharide)

다당류는 글리코사이드 결합에 의해 결합된 단당류 단위체의 긴 사슬로 구성된 중합체 탄수화물 분자이며, 가수분해시 단당류 또는 올리고당으로 분해된다. 다당류는 선형 또는 가지가 많은 고도로 분지된 다양한 구조를 가지고 있다. 키틴과 셀룰로오스는 선형이며, 녹말과 글리코겐은 가지가 많다.

포도당이 10개 이상부터 수천 개까지(보통 3,000개 이상) 연결된 포도당 중합체로서 복합 당질이라고도 하며, 전분(starch), 글리코겐(glycogen), 식이섬유(dietary fiber)가 있다.

1) 녹말(綠末)/전분(澱粉)(starch)

녹말 또는 전분은 많은 수의 포도당 단위체들이 글리코사이드 결합으로 연결된 중합체 탄수화물이다. 녹말은 대부분의 녹색 식물에서 에너지를 저장하기 위해 생성되며, 식물의 종자, 뿌리, 열매 등에 많이 포함되어 있다. 본래의 녹말이란 것은 녹두를 물에 불린 후 갈아서 가라앉힌 것을 말려서 나온 가루만을 의미했다.

전분은 생체의 주된 에너지 공급원으로서 포도당의 연결방식에 따라 아밀로오스와 아밀로펙틴으로 나뉜다. 전분은 조리과정을 통해 소화되기 쉬운 끈끈한 겔 형태로 호화되어 소화효소의 작용을 쉽게한다.

❓ 전분의 호화(gelatinization)란?

전분에 물을 붓고 70~75℃정도의 열을 가하면 전분 입자가 크게 팽창하고 전체가 점성이 높은 반투명의 콜로이드(colloid)형태가 되는데 반고체의 겔(gel)을 형성하는 이러한 변화를 호화라고 한다.

2) 글리코겐(glycogen)

포도당으로 이루어진 복잡한 가지 구조를 가지고 있는 다당류 중합체이다. 식물에 녹말이 있다면 동물엔 글리코겐이 있다.

사람, 동물, 균류, 세균의 저장 다당류로서 동물성 전분으로 불리며 간과 근육에 저장되어 있다.

글리코겐은 에너지 저장 형태 중 하나로 기능하는데, 다른 한 가지 형태는 지방 조직의 트리글리세라이드(중성지방)이다. 사람에서 글리코겐은 주로 간과 골격근의 세포에서 만들어지고 저장된다. 간에서 글리코겐은 장기 무게의 5~6%를 차지할 수 있고, 약 100~120g의 글리코겐을 저장할 수 있는데, 이는 개인에 따라 다를 수 있으며 신체 활동 수준, 식사 습관 등에 따라 글리코겐 저장량이 변동될 수 있다.

골격근에서는 글리코겐은 낮은 농도(근육 질량의 1~2%)로 저장되며, 70kg의 체중을 가진 성인의 골격근은 약 300g~500g의 글리코겐을 저장한다. 골격근과 간에 저장되는 글리코겐의 양은 주로 신체 활동, 근육량, 성별, 나이 및 식습관에 따라 차이가 난다. 소량의 글리코겐은 콩팥, 적혈구, 백혈구 및 뇌의 신경교 세포를 비롯한 다른 조직과 세포에서도 발견된다. 임신 중 자궁은 태아에 영양을 공급하기 위해 글리코겐을 저장한다.

사람의 혈액 속에는 대략 4g의 포도당이 항상 존재한다. 단식중이거나, 극단적인 체중 조절을 하는 경우일지라도, 글리코겐이 소진될 때까지는 저장된 글리코겐을 소비하기 때문에 혈당량은 일정 수준으로 유지된다.

글리코겐은 식물성 녹말과 화학적으로 유사하다. 글리코겐은 아밀로펙틴(녹말의 구성 성분)과 유사한 구조를 가지고 있지만, 녹말보다 광범위하게 가지가 나있고, 보다 조밀하다. 글리코겐과 녹말은 둘 다 건조 상태에서는 흰색 분말이다.

❓ 70kg의 인체에 어느정도 글리코겐이 저장될까?

인체에 저장되는 글리코겐의 양은 개인의 체질, 식습관, 운동 수준 등 여러 요인에 따라 다를 수 있는데, 일반적으로 70kg의 체중을 가진 성인에서는 약 400~600g 정도의 글리코겐이 간과 근육에 저장될 수 있다.

식사 후 글리코겐이 저장되고, 운동 등의 활동을 통해 소모되며 조절된다. 글리코겐 1그램의 열량은 약 4.1~4.3kcal 정도.

참고로 카보로딩 훈련이 잘되어져 있더라도 대체로 3,000kcal이상 저장하기가 쉽지 않다.

탄수화물 대사

소화 흡수된 단당류가 문맥을 따라 간으로 운반되면 과당과 갈락토오스는 간에서 효소에 의해 포도당으로 전환되어 대사된다. 따라서 탄수화물 대사는 포도당 대사라고 할 수 있다. 혈당은 포도당이며, 세포는 혈액으로부터 포도당을 받아서 대사에 이용한다.

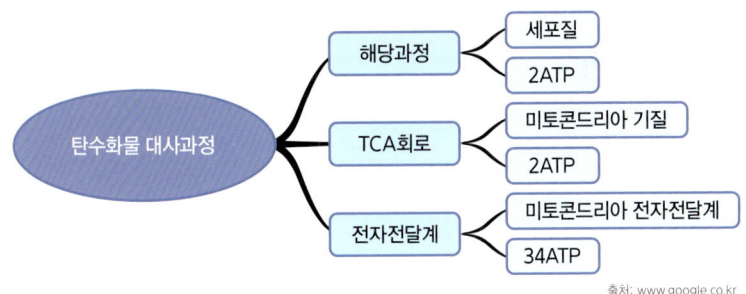

출처: www.google.co.kr

1. 포도당 대사

혈액을 따라 운반되어온 포도당은 세포내로 들어온 뒤 이화대사나 동화대사를 거친다. 이화대사는 포도당을 분해하여 ATP형태의 에너지를 생성하고 이산화탄소와 물로 완전 분해되는 과정으로서 해당과정과 TCA회로가 있다.

동화대사에는 글리코겐 합성과 포도당 신생이 있으며 ATP를 소모하는 과정이다.

2. 글리코겐의 합성과 분해

글리코겐의 합성과 분해는 세포질에서 일어나며, 간과 근육에서 왕성하다. 글루카곤, 에피네프린 및 인슐린에 의해 상반적으로 조절된다.

> ⚠️ **에피네프린이 상승하면 혈당도 상승한다.**

에피네프린은 스트레스 상황이나 신체 활동 시에 분비되는 호르몬으로, 혈당 농도를 조절하는데 영향을 미칠 수 있다. 에피네프린은 간에서 글리코겐을 글루코스로 분해하고 혈액으로 방출되는 과정을 촉진시키며, 또한 인슐린 분비를 억제하여 혈당 상승을 도와준다.

1) 글리코겐 합성

에너지를 생성하고 남은 여분의 포도당은 글리코겐 합성효소의 도움으로 간과 근육에서 글리코겐으로 전환되어 저장된다.

2) 글리코겐 분해

간과 근육에서 일어나는 글리코겐 분해는 글루카곤이나 에피네프린, 노르에피네프린 등 호르몬의 영향을 받는다.

3. 포도당 신생

대부분 세포들은 포도당과 지방산을 에너지원으로 사용한다. 그러나, 뇌와 중추신경계는 포도당을 우선으로 사용하고 적혈구는 포도당만을 사용한다. 뇌는 휴식하는 동안 온몸이 사용하는 포도당의 60% 가량(매일 120g)을 소모하지만 포도당을 저장하지는 못한다.

적혈구에는 미토콘드리아가 없으므로 에너지원으로 지방산을 사용하지 못하고 포도당만을 사용할 수 있다. 그 외에 정소, 신장의 수질, 망막, 수정체, 태아에서도 포도당이 유일하거나 주된 에너지 급원이다.

4. 체지방 합성과정

탄수화물을 과량 섭취하면 포도당은 우선 에너지를 발생시키고, 남은 포도당은 간과 근육에 글리코겐으로 소량 저장된다. 그리고 남은 포도당은 중성지방으로 전환되어 저장되는데 소량 저장할 수 있는 글리코겐보다 중성지방으로 저장하는 것이 훨씬 많은 양의 에너지를 저장할 수 있는 효율적인 방법이다. 남은 포도당은 피루브산을 거쳐 아세틸CoA가 모여 지방산을 합성한다. 지방조직의 80~90%가 중성지방이다.

5. 과당 대사

우리가 섭취하는 세 가지 주요 단당류는 포도당, 과당, 갈락토오스 이다. 포도당이 부족하면 과당이 포도당으로 된다. 그러나, 포도당 섭취가 적당하면 과당은 포도당으로 전환되기 보다는 지방산이나 중성지방을 합성한다.

우리가 섭취한 과당은 소장에서 흡수되어 간으로 이동하는데, 글리코겐이나 지방산으로 대사된다. 글리코겐은 급속한 에너지원이고, 지방산은 장기적인 에너지 저장소 역할과 에너지 생산 역할을 한다. 따라서, 과다한 과당 섭취는 체중 증가 및 대사 질환과 관련될 수 있으므로, 과도한 과당 섭취는 자제해야 한다.

6. 전화당(Inverted sugar, 트리몰린)

전화당(트리몰린)이란 설탕을 산이나 효소로 가수분해하면 포도당과 과당이 만들어지는데 같은 양을 혼합하여 만든 것을 전화당이라고 한다. 전화당(트리몰린)은 설탕보다 감미도가 약 1.3배 높고, 소화 흡수가 좋기 때문에 과자, 식품에 널리 쓰인다. 인공적으로 만든 것이 전화당(트리몰린)이고 자연적으로 만들어 진 것은 꿀이다.

인공감미료(人工甘味料)는 설탕 대신 단맛을 내는 데 쓰이는 화학적 합성물이다. 당알코올류와 대체감미료가 있다.

당알코올류는 당분을 발효시켜 만든 알코올의 종류를 말하는데, 대표적인 예로는 에탄올(주정), 메탄올(산업용 알코올), 프로판올 등이 있다.

대체감미료는 당도는 설탕보다 훨씬 높지만, 설탕보다 훨씬 저칼로리이므로 체중을 줄이려는 비만자들이나 당뇨병에 걸린 사람이 단맛을 대체하고 단맛을 즐기기 위해 많이 이용한다. 다이어트 제품, 다이어트 음료, 캔디, 초콜릿, 요구르트 등 다양한 식품에 사용된다. 실생활에서 단맛에 중독되어 있는 사람들이 생각보다 많아 건강유지와 증진시켜 나가는데 상당히 문제가 되고 있다.

아직도 대체감미료중에 확실한 안정성 확보가 안되어 있는 물질도 있다. 또한 발암 위험 물질로도 분류되기도 해서 먹거리를 선택하는데 불안하기도 하다. 단맛을 줄이고 음식재료의 고유의 맛을 즐길 줄 아는 습관을 갖는다면 건강 식단을 유지하는데 훨씬 도움이 될 것이다.

대표적인 대체감미료로는 아스파탐(aspartame), 슈크랄로스(sucralose), 스테비아(stevia), 알돌(erythritol), 자일리톨(xylitol) 등이 있다.

영양소의 분해대사

 탄수화물은 포도당의 해당과정, 피루브산의 아세틸 CoA로의 전환, TCA회로, 전자전달계 등의 4개의 주요경로를 통해 에너지를 생성한다.

 해당과정은 세포질에서 진행되므로 산소를 사용하지 않지만, TCA회로는 미토콘드리아의 기질(Matrixa), 전자전달계는 미토콘드리아의 내막(inner membrane)에 존재하므로 산소를 필요로 한다.

1. 해당과정(解糖過程, glycolysis)

 포도당($C_6H_{12}O_6$)에서 피루브산($CH_3COCOO-$)으로 전환하는 대사 경로이다. 이 과정에서 방출되는 자유 에너지는 고에너지 분자인 ATP와 NADH를 형성하는데 사용된다.

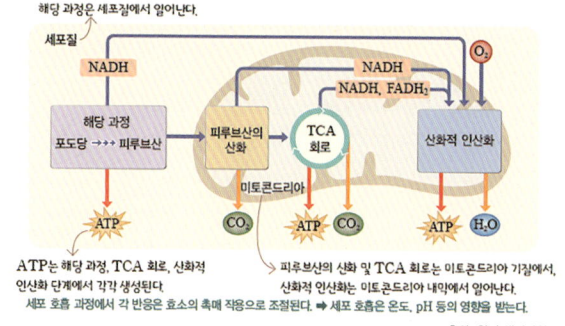

출처: 원자 생명과학2

해당과정은 10가지 효소 촉매 반응으로 구성되는데, 포도당 이외에 해당과정의 여러 대사 중간 생성물들을 통해 해당과정으로 진입할 수 있다. 과당 및 갈락토오스 같은 대부분의 단당류들은 해당과정의 대사 중간 생성물들 중의 하나로 전환될 수 있다.

해당과정의 대사 중간 생성물들은 다른 대사과정에 이용될 수도 있는데, 예를 들어 디하이드록시아세톤 인산은 지방을 형성하기 위해 지방산과 결합하는 글리세롤의 공급원이다.

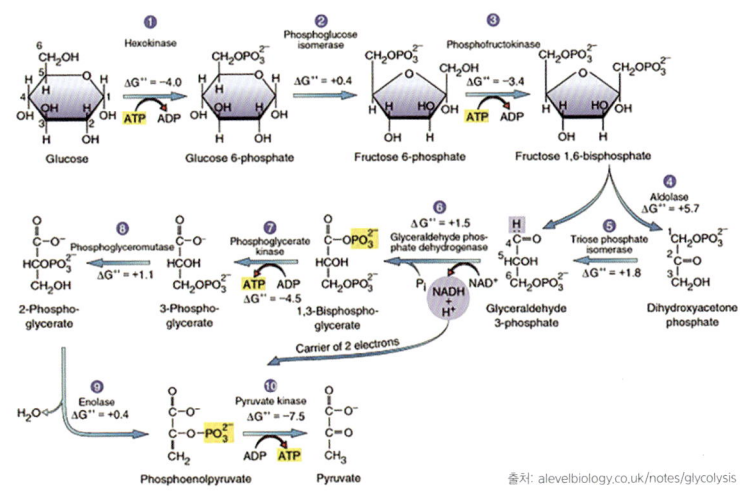

출처: alevelbiology.co.uk/notes/glycolysis

해당과정은 대사 과정에서 산소 분자(O_2)를 사용하지 않아 혐기성 대사과정이라고도 하는데, 세포질에서 이루어 진다. 해당과정은 대표적인 이화작용이므로 전체적으로는 ATP를 생산하는 경로이지만, 후반부에서 많은 ATP를 생산하기 위해서는 전반부에 ATP의

투자가 필요하다.

2. TCA회로(tricarboxylic acid cycle)
시트르산 회로(citric acid cycle) 크렙스 회로(Krebs cycle)

 TCA 회로를 지칭하는 말이 다양하다보니 혼란스럽기도 하겠으나 도리가 없다. TCA 회로, 시트르산 회로, 크렙스 회로 3가지를 혼용하여 사용하니 명칭에서 혼돈이 없었으면 한다.

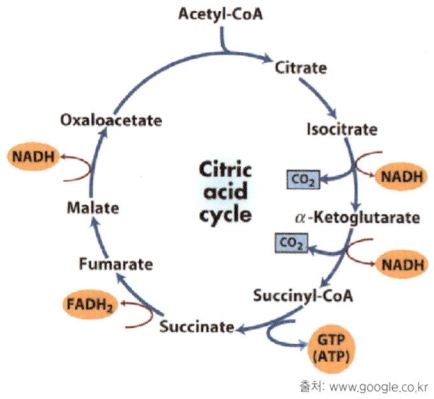

출처: www.google.co.kr

 TCA 회로는 세포 호흡의 중간 과정 중 하나로 산소 호흡을 하는 생물에서 탄수화물, 지방, 단백질 같은 호흡 기질을 분해해서 얻은 아세틸-CoA를 CO_2로 산화시키는 과정에서 방출되는 에너지를 ATP(또는 GTP)에 일부 저장하고, 나머지 에너지를 $NADH^+$, H^+, $FADH_2$에 저장하는 일련의 화학 반응이다. 생성된 $NADH^+$, H^+, $FADH_2$는 전자전달계로 전달되어 산화적 인산화로 ATP를 생성하는데 사용된다. TCA 회로는 다른 생화학 반응에서 사용되는 환원

제인 NADH, 아미노산 전구체의 공급원이기도 하다.

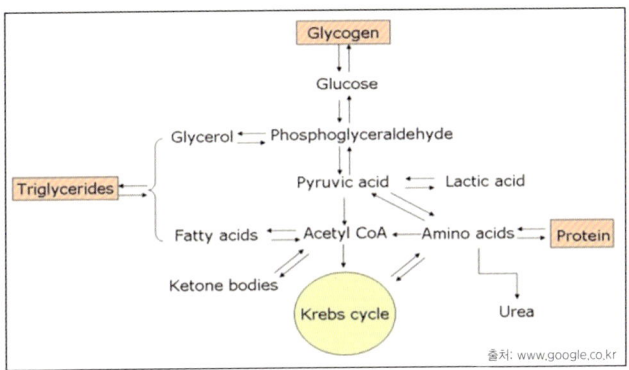

TCA 회로에 의해 생성된 NADH는 산화적 인산화 경로로 공급된다. TCA 회로와 산화적 인산화를 통해 영양소를 산화시켜 ATP 형태의 사용가능한 화학에너지를 생성한다. TCA회로가 진행되기 위해서는 산소가 필요하므로 세포질에서 산소없이 포도당으로부터 분해되어 나온 피루브산은 호기적 상태에서 산소가 충분한 미토콘드리아로 들어간 뒤 진행된다.

❗ 이화작용(catabolism)

이화작용(catabolism)은 세포 호흡을 통하여 유기 분자를 분해하고 에너지를 얻는 반응이다. 어미에 -lysis가 붙는데, glycogen을 이화시키는 것은 glycogenolysis(당원분해)라고 한다.

❗ 동화작용(anabolism)

동화작용(anabolism)은 에너지를 이용하여 단백질이나 핵산과 같은 세포의 구성 성분을 합성하는 반응이다. 어미에 -genesis가 붙는데, glycogen합성을 하는 glycogenesis(당원합성)이라고 한다.

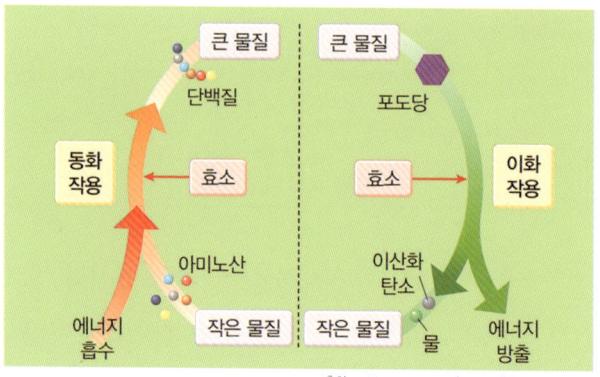

출처: m.blog.naver.com/papers/222030230868

❗ 당원분해(Glycogenolysis)

주로 근육이나 간에서 일어나는 반응이다. 에너지가 필요한 상황에서 간이나 근육에 저장된 글리코겐을 분해하여 포도당(글루코스)을 얻는 과정인데 주로 세포질에서 일어난다.

❗ 당원합성(Glycogenesis)

운동 후 휴식때 글루코스를 근육과 간에 합성 저장하는 과정이다.

❗ 포도당 신생합성(葡萄糖新生合成, Gluconeogenesis)

포도당 신생합성은 탄수화물이 아닌 물질을 가지고 포도당을 합성하는 과정을 말한다. 동식물부터 진균, 세균 같은 미생물까지 존재하는 과정이며, 척추동물에서는 주로 간에서 일어난다. 공복, 단식, 저탄수화물 식단, 또는 격렬한 운동 같이 탄수화물이 부족해지는 상황에서 혈당 수치를 유지하기 위한 과정이다. 이때 우리가 목적으로 하는 지방을 이용하여 포도당 신생합성을 시켜 에너지를 생산하고 혈당을 유지하게 된다.

이 과정을 잘 이해하면 독자들 몸속의 골칫덩어리인 체지방을 사용해서 에너지를 만들고 몸은 더욱 핏해 질 것이다. 다소 어려운 내용이지만, 반복해서 읽다보면 이해가 되고 지식이 쌓이면 신념이 생기게 될 것이다. 신념이 생겨야 죽기 살기로 꾸준히 열심히 운동을 할 것 이고 절제된 식단을 꾸준히 이어갈 수 있을 것이라 생각한다.

탄수화물이 아닌 물질로 당을 만드는 과정이기는 하지만 아쉽게도 지방산 그 자체는 재료로 쓸 수 없다. 지방산의 베타 산화 과정에서 나오는 아세틸 CoA는 2개의 이산화탄소로 완전 산화되어 배출되기 때문이다. 지방은 글리세롤과 지방산으로 분해되는데, 글리세롤만을 가져다 포도당 신생합성에 쓴다.

지방

지방

지방은 탄수화물과 마찬가지로 탄소, 수소, 산소로 구성되어진 유기화합물로서 지방(fat)과 기름(oil)이 있다. 상온에서 고체인 지질은 지방이라 하고, 액체인 지질은 기름이라고 한다. 지질은 물에 녹지 않고 상대적으로 에테르, 알코올, 벤젠 등의 유기용매에 잘 녹는다.

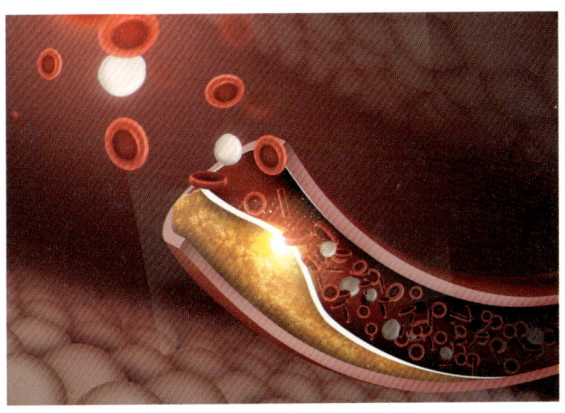

탄수화물보다는 산소의 비율이 적은 유기성분이다. 지방은 근육, 간, 지방조직에 저장된다. 지방은 중성지방, 인지질, 스테롤로 분류되는데 중성지방은 글리세롤과 지방산으로 이루어져 있다. 지방산이 분해되면서 에너지를 공급하게 된다.

인지질은 모든 세포막의 주요 구성성분이 된다. 따라서 인체 대부분의 세포막은 인지질 같은 지방으로 이루어져 있다.

내장지방의 경우는 내장을 보호하고 단열효과가 높아 추위로 부터 체온유지 역할을 한다.

스테롤(sterol)은 스테로이드 알코올의 줄임말이다. 스테로이드 계열 화합물 중 하나로, 중요한 유기 분자이다. 대부분의 식물과 동물, 곰팡이류(균류)에서 발견되고, 가장 동물에서 흔한 스테롤은 콜레스테롤이다.

콜레스테롤은 동물세포막의 구조와 기능에 필수적인 역할을 하며, 지용성 비타민과 스테로이드 계열 호르몬의 전구체로 기능한다.

❗ 스테롤의 종류

식물성 스테롤에는 캄페스테롤(Campesterol), 시토스테롤(Sitosterol), 스티그마스테롤(Stigmasterol)이 있고, 동물성 스테롤에는 콜레스테롤(Cholesterol)이, 균류의 세포막에는 에르고스테롤(Ergosterol)이 있다.

❗ 스테롤의 역할

스테롤은 진핵생명체에 중요한 생리적 기능을 갖는 것을 알 수 있다. 예를 들면, 콜레스테롤은 동물 세포막을 구성해 막 유동성에 영향을 미치고, 2차 신호전달자로서 기능을 하기도 한다.

❗ 콜레스테롤

콜레스테롤은 동물성 식품에만 있으며, 육류의 간이나 내장, 달걀, 어류 알, 새우같은 해산물, 그리고 크림이나 버터를 사용하여 만든 제과, 제빵 제품에 많다. 섭취는 하되, 가능한 적게 300mg/일 미만으로 하는 것으로 권고한다.

🧴 지질의 분류

구성성분에 따라 단순지질, 복합지질, 유도지질로 구분한다.

1) 단순지질(simple lipids)

지방산과 알코올의 에스터(ester) 결합으로 만들어진 화합물이다.

식품이나 체지방의 98~99%가 단순지질로서 대부분이 중성지방 형태이고, 단순지질의 다른 형태로는 왁스(밀랍)가 있다.

왁스는 기초화장품이나 메이크업 화장품에 널리 사용되는 고형의 유성성분으로, 화학적으로는 고급지방산에 고급알코올이 결합된 에스터를 말한다.

(1) 중성지방

글리세롤 1분자에 지방산 3분자가 에스터 결합한 것으로서, 식품이나 체지방의 95%는 중성지방 형태이다.

> ⚠️ **에스터 결합**

글리세롤의 수산기(-OH)와 지방산의 카르복실기(-COOH) 사이에 물 한 분자가 빠짐으로써 이루어 진다. 모노글리세라이드, 디글리세라이드, 트리글리세라이드가 있는데, 트리글리세라이드가 자연계에 존재하는 대부분의 지질형태이다.

(2) 지방산

지방산은 중성지방의 구성성분으로서 한쪽 끝은 메틸기($-CH_3$), 다른 쪽은 카르복실기(-COOH) 가운데 부분은 긴 탄소사슬에 수소들이 결합된 탄화수소로 구성된다. 카르복실기는 친수성이지만, 메틸기 부분은 사슬길이가 길어질수록 소수성이 커진다.

2) 복합지질(compound lipids)

인(phosphate), 당(sugar), 질소화합물 등이 결합된 지질
- 인지질(phospholipids): 난황, 레시틴(lecithin) 등
- 당지질(glycolipids): 세레브로사이드(cerebroside) 등
- 지질단백질(lipoprotein): LDL, HDL

3) 유도지질(derived lipids)

단순지질과 복합지질의 가수분해로 얻어지는 것으로 고급지방산, 고급 알코올, 스테롤, 스핑고신, 탄화수소 등이 있다.

지질의 소화와 흡수

지방은 소화 흡수되기 위하여 가수분해 작용뿐만 아니라 유화 작용의 물리적인 변화에도 의존하고 있다. 지질의 대부분은 중성지방 형태로 되어 있어, 물에 불용성이므로 소화효소의 작용을 위해서는 먼저 유화되어야 한다.

답즙산이 지질의 유화제 역할을 하여 췌장의 리파제를 작용하기 쉽게하고 미셀을 만들어 지질을 가용화시킨다.

췌장 리파제의 작용을 받아 지질의 80%는 베타-모노글리세라이드까지 분해시킨다. 지질은 장관내에서 지방산과 글리세롤로 분해되어 흡수되는데, 완전히 가수 분해되어 지방산과 글리세롤로 되는 것은 약 20% 정도이다.

지방의 흡수 속도는 일반적으로 식물성 지방보다 동물성 지방이 좋다.

1) 짧은 사슬(탄소수 6개 이하) 지방산의 소화 흡수

짧은 사슬 또는 단쇄 지방산은 탄소수가 6개 이하인 지방산인데, 수용성이므로 수용성인 글리세롤과 함께 대부분 융모안의 모세혈관으로 들어와서 간문맥을 통해 간으로 직접 운반된다.

2) 중간 사슬 지방산의 소화 흡수

중간 사슬 지방산 또는 중쇄중성지방(MCTs)은 탄소수 6~12개 사이의 수용성 지방산이 결합되어져 있는 중성지질로 코코넛유나 팜유에 많이 함유되어 있다.

일반적인 식사를 통해 섭취하는 지방은 대부분 긴사슬 지방산(long chain triglyceride)으로 복잡한 소화과정을 통해 체내에 흡수되지만, 반면에 탄소수가 6~12개로 지방산의 길이가 짧은 중쇄중성지방 (medium chain triglycerides, MCT)은 지방소화의 특징인 킬로미크론의 형성 없이 간문맥을 통해 간으로 흡수되고 담즙이나 리파아제 없이도 소화가 가능하다.

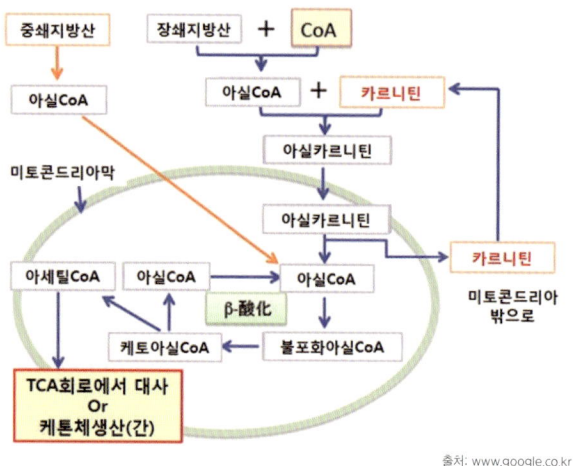

출처: www.google.co.kr

소화흡수가 잘되기 때문에 담즙분비가 나쁜 환자, 췌장 이상 환자, 작은 창자를 제거하여 흡수면적이 좁아진 사람에게 효과적인 지질 공급원이다. 이런 이유로 병원에서 환자들에게 효과적인 지방과 열량 공급원으로 사용되고 있다.

3) 긴사슬 지방산(장쇄 지방산) 소화 흡수

짧은 사슬, 중간사슬 지방산과는 달리 긴 사슬 지방산은 대체적으로 12개 이상의 탄소수를 갖고 있기 때문에 소화 및 흡수 과정에서 특별한 처리를 거쳐야 소화 흡수될 수 있다. 이러한 지방산들은 담즙과 소화 효소의 도움을 받아 미세한 지방 입자로 분해되어 소장 내피로 흡수된다.

흡수된 긴 사슬 지방산들은 혈류를 통해 간으로 운반되어 에너지 생산이나 지방 조직에 저장하는 등 다양한 생체 활동에 활용하게 된다.

❗ 킬로미크론(chylomicron)

킬로미크론은 소장의 상피세포에서 합성되며 합성의 원료는 중성지방, 인지질, 콜레스테롤 등의 지질과 단백질이다. 킬로미크론은 소장 미세융모의 림프관을 타고 혈관(정맥)으로 이동한 후 근육과 지방조직에 중성지방을 나눠주는 역할을 한다.

❗ 콜레스테롤의 소화

음식중의 콜레스테롤은 대부분 에스터형으로서 지방산과 결합되어 있다. 췌장에서 분비되는 가수분해 효소에 의해 유리콜레스테

롤과 유리지방산으로 분해된다

지질의 이화, 동화과정

- **이화과정** – 중성지방이 글리세롤과 지방산으로 분해되면서 물과 이산화탄소를 배출하고 에너지를 생산한다.
- **동화과정** – 글리세롤과 지방산이 에너지를 흡수하여 중성지방으로 된다.

지질의 분해

체내 저장되어 있는 중성지방의 분해는 공복시나 운동시에 간이나 지방조직에서 일어난다. 공복시에는 간 글리코겐이 거의 다 소모되어 혈당 수준이 낮아져 글루카곤 분비가 증가되고, 운동시에는 근육에 지속적으로 에너지를 공급할 필요가 생겨 에피네프린의 분비가 증가된다. 이들 호르몬은 조직 세포에 저장되어 있는 중성지방을 글리세롤과 지방산으로 분해한다.

글리세롤은 수용성이므로 혈액을 통해 간으로 이동하고, 지방산은 혈중 알부민과 결합하여 일종의 지단백질 형태로 간과 근육 등의 조직 세포로 운반되어 산화된다.

글리세롤/글리세린

글리세롤(glycerol)은 글리세린(glycerin, glycerine)이라고도 부르는 무색, 무취의 액체이다. 점성이 매우 강한 특징이 있다.

알코올의 한 종류. 글리세린이라고도 한다. 분자식은 $C_3H_8O_3$/$C_3H_5(OH)_3$. 단맛을 내기 때문에 당알코올로도 분류한다. 물엿과 비슷하게 생긴 끈끈한 액체이다.

지방의 연결부 역할을 하는데, 글리세롤에 지방산을 연결시킨 것이 지방이며, 알코올기 3개 자리가 지방산으로 대체되는 방식이 일반적이다. 물론 한두개의 알코올기가 남아 있는 것도 존재하나 그렇게 안정적이지는 않다. 일반적인 지방은 E자 형태의 탄화수소 사슬 자체인데 지방맛이라는 고유한 맛을 낸다.

글리세롤
Glycerol

출처: www.google.co.kr

글리세롤의 쓰임새 중 대표적인 건 보습효과이며, 최고의 보습제라서 화장품에 핵심적으로 쓰인다. 세상 모든 로션 및 점도가 있는 화장품을 성분 분석해보면 물을 뺀 나머지 성분 중 글리세린이

80~90% 이상 정도를 차지한다. 화장품 대부분의 성분이 이것이므로 물일을 하는 사람들은 손에 바르고 자면 보습이 되어 손이 부드러워 진다. 또한 상처 회복에도 보습이 중요하므로 상처에 바르면 효과를 볼 수 있다.

글리세라이드(glyceride)

글리세라이드는 글리세롤과 지방산으로부터 형성된 에스터이며, 일반적으로 매우 소수성이다. 아실글리세롤(acylglycerol)이라고도 한다.

글리세롤에는 3개의 하이드록실기가 있으며, 이는 1개, 2개 또는 3개의 지방산과 에스터를 형성하여 모노글리세라이드, 디글리세라이드, 트리글리세라이드를 각각 형성할 수 있다. 흔히 말하는 지방은 트리글리세라이드를 지칭한다. 이들의 구조는 이들이 가지고 있는 지방산 알킬기에 따라 상이한 탄소수, 상이한 불포화도 및 올레핀의 상이한 입체 배치 및 위치를 가질 수 있다.

식물성 기름과 동물성 지방은 대부분 트리글리세라이드를 함유하고 있지만 천연 효소인 라이페이스에 의해 모노글리세라이드 및 디글리세라이드와 유리 지방산과 글리세롤로 분해된다.

지방의 베타 산화(β oxidation)

지방산이 분해되는 첫 번째 과정인데, 지방산이 미토콘드리아 기질(Matrix)에 들어오면 베타 산화가 시작된다. 미토콘드리아의 기질에서 지방산이 분해되어 TCA(시트르산)회로에 들어갈 아세틸 조효소A(아세틸-CoA)와 전자전달계에서 사용 될 NADH, $FADH_2$를 생산하는 이화 과정이다. 지방산 이화작용의 두 번째 단계에서는 아세틸-CoA를 산화하고 이산화탄소가 부산물로 생산되고, 마지막으로 전자 운반체에서 전자전달계로 전자가 전달된다.

지방산이 산화되기 위해서는 미토콘드리아 기질(Matrix)로 들어가는 활성화 과정이 필요하다.

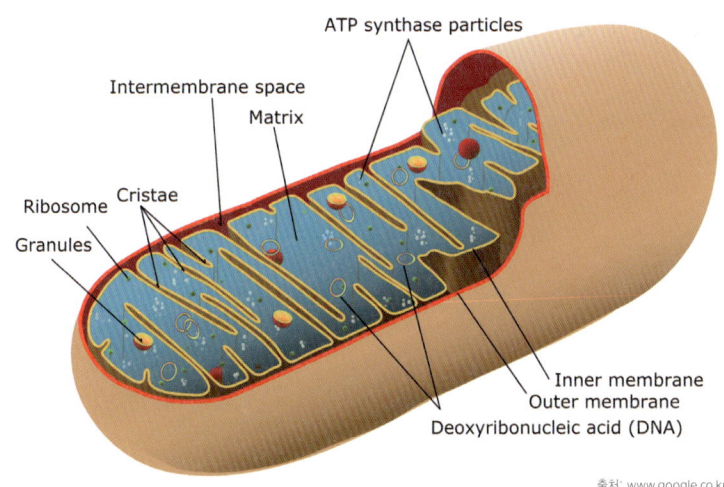

▲ 미토콘드리아의 구조

지방산 아실-CoA의 아실 사슬이 탄소 10개 이상으로 이루어져 있으면 카르니틴과 반응하여 아실카르니틴을 생성하고, 아실-카르니틴 수송체(translocase)에 의해 미토콘드리아 내막 안쪽으로 이동한다. 지방산 아실-CoA가 탄소수 10개 미만일 때는 간단히 확산되어 미토콘드리아 내막을 관통한다.

지방세포의 색에 따른 분류

1. 갈색지방 조직(Brown Adipose Tissue: BAT)

갈색지방 세포는 영양분을 중성지질 형태로 저장하는 백색지방과는 달리 미토콘드리아를 다량 함유하고 열에너지를 만드는 지방세포를 뜻한다. 미토콘드리아를 이용한 에너지대사가 활발하기 때문에 혈관이 많이 분포하며 철분이 많아 조직의 색깔이 갈색에 가깝기 때문에 갈색지방 세포라 부른다.

▲ 갈색지방 세포의 기원

일반적으로 갈색지방과 백색지방은 모두 중간엽 줄기세포에서 발생한다. 이후 Myf5, Pax7 유전자를 갖고 있는 전구세포가 형성되면 여기에서 근육세포와 갈색지방 세포로 분화하게 된다. 반면, Myf5 유전자가 없는 전구세포의 경우 백색지방 세포 분화기전을 거쳐서 백색지방 세포를 만들어낼 수 있게 된다. 따라서 갈색지방 세포는 백색지방 세포와는 달리 근육세포와 발생기원을 공유하고 있으며, 세포 내에 많은 수의 미토콘드리아를 함유하는 등 근육세포와 비슷한 세포의 성격을 나타내고 있다.

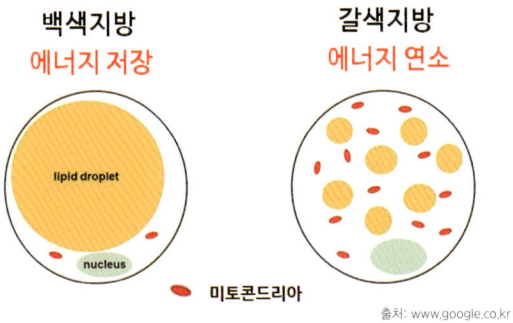

출처: www.google.co.kr

2. 백색지방 조직(White Adipose Tissue: WAT)

지방조직에는 백색지방 조직(white adipose tissue)과 갈색지방 조직(brown adipose tissue)이 존재하는데, 성인의 몸에는 백색지방 조직이 가장 많이 분포하고 있다. 그 이유는 출생 후 백색지방 조직의 발달이 시작하고, 갈색지방 조직은 사라지기 때문이다. 백색지방 조직은 피하, 심부 혈관 주변, 복강 내 등 다양한 곳에 존재한다. 지방조직에 존재하는 지방세포(adipocyte)는 크기가 30~70μm로 비교적 크고, 구형이며, 무정형(amorphous) 상태로 존재한다.

3. 베이지색 지방세포(Beige Adipocyte)

베이지색 지방세포는 갈색 지방세포와 그 기능을 공유하는 지방조직이다. 베이지색 지방세포는 백색 지방세포에서 환경 신호의 변화에 반응하여 생성됨에 따라, 갈색 지방세포와는 발생기전이 매우 다르다. 그러나 백색 지방세포로부터 형성된 베이지색 지방세포는 미토콘드리아의 숫자 증가 및 탈공역 단백질 중 하나인 UCP1 단백질 발현의 증가, 그리고 열에너지 발산 등 많은 면에서 갈색 지방세포와 유사한 기능을 보이고 있다.

🏋 포화지방산과 불포화지방산

포화지방산은 지방산 사슬이 전부 또는 대부분 단일 결합을 가지고 있는 지방산이다. 포화지방산을 가지고 있는 지방을 포화지방이라고 한다. 지방은 글리세롤과 지방산으로 구성된 화합물이다. 지방은 탄소 원자들의 긴 사슬로 만들어진다.

포화지방은 상온에서 고체인 동물성 지방인데, 가지 끝에 수소(H)가 붙어 있다. 가지에 수소가 꽉 찬 구조가 포화지방산이고, 수소가 군데군데 비어 있는 구조는 불포화지방산이다. 포화지방과 불포화지방은 형태도 다르다. 포화지방은 상온에서 고체이지만, 불포화지방은 액체 상태다.

물론 예외도 꽤 있는데 생선 기름은 동물성이지만 대부분 불포화지방산이 많고 기름야자나무의 열매에서 추출한 팜유와 코코넛유는 식물성이지만 포화지방산이 많다.

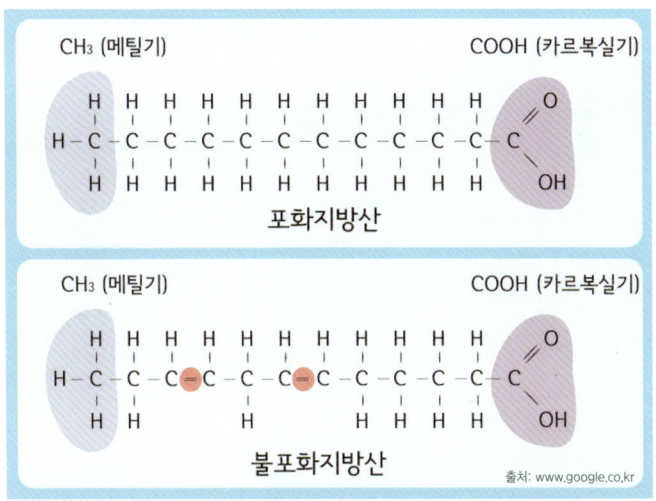

출처: www.google.co.kr

대체적으로 포화지방산이 많은 음식이 맛이 좋다. 단맛, 짠맛, 신맛, 쓴맛, 매운맛외 바로 6번째 맛이라는 지방맛이다. 앞에서 언급했듯이 포화지방은 동물성 기름에 많이 함유되어 있으니 예전에는 동물성 기름으로 많이 요리를 했는데, 이것은 따로 말할 필요도 없이 맛이 아주 좋다. 독자들도 기억할 것이다. 예전의 중국음식점에 돼지기름을 넣어서 요리를 하는 장면이 생각 날 것이다.

그러나 요즘은 대부분의 라면과 과자 등 가공식품은 팜유로 튀

3. 지방

겨낸다. 팜유는 가격도 저렴하고 포화지방이 많기 때문에 장기 보존에도 유리하고 고온으로 가열해도 산패가 잘 일어나지 않는다. 게다가 포화지방산은 불포화지방산보다 끓는점이 높아 튀김용으로 사용했을 때 더 바삭한 식감을 얻을 수 있어 조리용으로 널리 사용되고 있다. 포화지방의 맛을 한껏 품은 잘 튀긴 음식은 정말 맛이 기가 막힌다.

구분	포화 지방산	불포화 지방산
구분	동물성 지방	식물성 지방(예외, 열대 식물 팜유는 포화지방산이 더 많음)
상온	고체 또는 반고체	액체, 오일(Oil)
녹는점(융점)	높음	낮음
	라우릭산(44℃), 팔미트산(63℃)	올레익산(13℃), 리놀레익산(-5℃)
분자구성(탄소원자)	단일 결합	이중 결합
	다른 포화 지방산과 거리가 가깝다 → 분자간 인력이 크다	다리 주간에 이중결합으로 먹인 구조 → 분자간 인력이 약하다
예	(포화지방산 그림)	(불포화지방산 그림)

출처: www.google.co.kr

그리고 불포화지방산이 심혈관계 질환을 완화시키는데 도움이 된다는 얘기가 있다. 모든 불포화지방산이 그런 것은 아니고, 중성지방 수치를 낮추거나 혈전의 응고를 방지하는 기능이 있는 것은 불포화지방산 중 오메가 3 지방산 뿐이다. 오메가 3 지방산에는 DHA, EPA, ALA 등이 있으니 이러한 성분들이 많이 함유된 식품을 찾아 먹으면 좋을 것 같다.

또한 일반적으로 포화지방산은 건강에 좋지 않다고 하는데, 정확히는 포화지방산이 만들어내는 LDL 콜레스테롤이 심혈관계에 문제를 야기하는 것이다. 하지만 포화지방산, 불포화지방산의 섭취와 관련된 모든 실험에서 똑같은 결과가 나온 것은 아니다. 불포화지방산의 섭취가 콜레스테롤 수치를 떨어뜨리기는 했지만 오히려 사망자 수를 비교했을 때 불포화지방산을 섭취한 집단이 그 수가 더 많았던 실험 결과도 있었다고 한다. 그러나 대부분의 실험 결과는 포화지방산이 더 건강에 좋지 않은 것으로 나온다는 것은 팩트다.

🏋 오메가3/오메가6 지방산

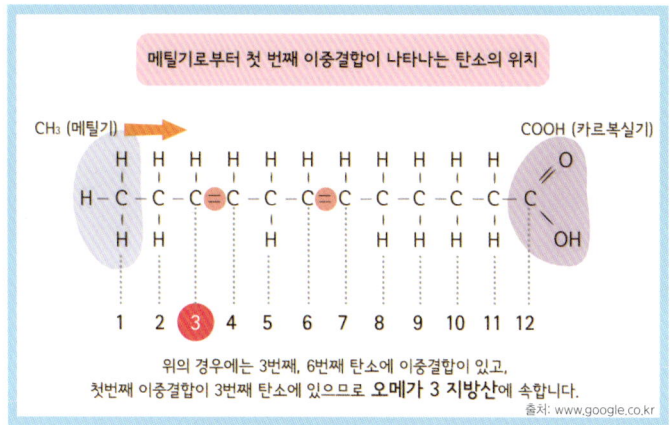

출처: www.google.co.kr

최근에는 면역증강과 심혈관 질환에 좋다는 이유로 오메가3를 찾는 사람들이 많아졌다. 또 오메가3에 관심을 가지시는 분들 중에 그와 이름이 비슷한 오메가6는 나쁜 지방산이라고 생각하는 분들이 많다. 도대체 오메가3와 오메가6가 무엇이고 이들의 건강한 섭취 방법은 어떤지 알아보자.

 지방산은 긴 사슬 모양으로 되어 있는데 결합 모양에 따라 지방산 종류가 달라진다. 우리 몸은 필요한 다양한 지방산을 합성할 수 있지만 오메가3와 오메가6 두 종류의 지방산은 합성하지 못하기 때문에 식품으로 반드시 섭취 해야 하는 필수지방산이다.

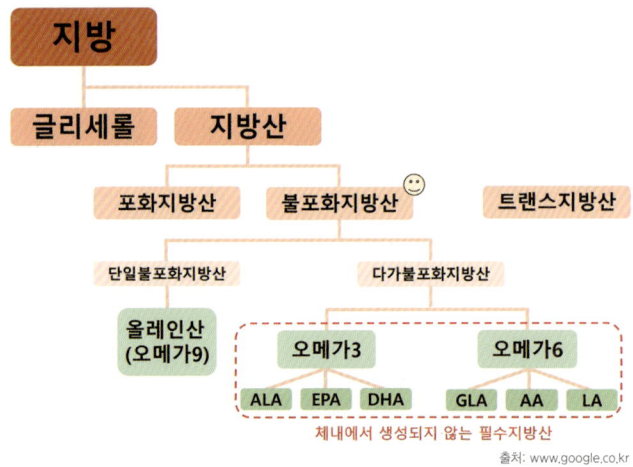

출처: www.google.co.kr

 오메가3 지방산으로는 알파리놀렌산(ALA), EPA, DHA 등이 있고 식품에는 주로 알파리놀렌산이 들어있다. 오메가6 지방산으로는 리놀레산, 감마리놀렌산 등이 있고 식품에는 주로 리놀레산이 있다. 이러한 오메가3와 오메가6 지방산은 체내 필요에 따라 다양한 형태로 전환되어 면역작용이나 다양한 화학적 메신저로 작용한다.

이러한 다양한 물질들은 혈압 조절, 혈액 응고, 염증 반응, 면역 및 알레르기 반응, 위액 분비, 수면주기 조절, 호르몬 합성 등 다양한 체내 조절 반응에 관여하고 있다. 따라서 오메가3와 오메가6 지방산이 결핍되면 염증이 생기고 피부 탈락 및 위장 장애가 생기고 면역기능이 손상될 수 있으며 특히 성장기에는 성장지연이 나타나게 된다.

오메가3와 오메가6를 균형있게 먹는 것이 중요!

　오메가3와 오메가6가 다양한 형태로 전환되는 데에는 같은 효소들이 이용되기 때문에 반응이 경쟁적일 수 밖에 없다. 따라서 어느 한 종류의 지방산이 지나치게 많기보다는 두 지방산이 균형적으로 존재해야 한다. 그리고 오메가6는 염증 반응, 혈전 생성 쪽으로 유도하지만 오메가3는 이와는 반대로 항염증 작용, 혈전 생성 방해 쪽으로 유도할 수 있기 때문에 두 반응의 균형을 위해서도 오메가6와 오메가3 균형 섭취가 중요하다.

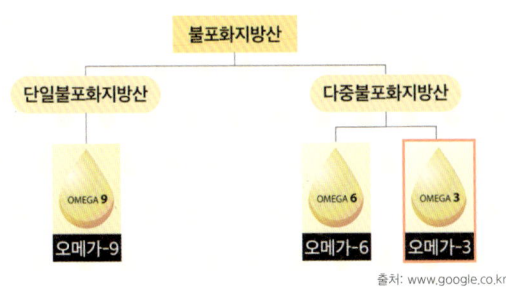

출처: www.google.co.kr

하지만 식사 형태가 서구화되면서 소고기, 돼지고기, 가금류의 비중이 커져 오메가3 지방산의 섭취가 제한되고 있다.

서구화된 식사에서 보통 오메가6와 오메가3의 비율은 15~16:1 정도지만 건강한 오메가6와 오메가3의 섭취 비율은 1~4:1 이다.

따라서 오메가3를 보충함으로써 이러한 권장 섭취 비율을 맞출 수 있겠다.

오메가3를 보충하여 균형 잡힌 식단을 구성해 보자.

오메가3의 주요 급원은 심해 어종(연어, 꽁치, 정어리, 고등어 등)인 등푸른 생선, 카놀라유, 들기름에 많이 함유되어 있다. 특히 우리나라 사람이 쉽게 이용할 수 있는 식품으로는 들기름이 있는데 들기름은 61.3%가 오메가3 지방산으로 함유되어 있어서 이를 이용하여 조리하면 오메가3의 섭취량을 늘릴 수 있다. 또한 일주일에 2~3번 등푸른 생선 섭취를 통해 오메가3 지방산을 보충하는 것이 오메가3와 오메가6의 비율을 권장량으로 맞춰 드실 수 있는 방법이다. 또한 냉이, 아욱, 케일, 쑥, 미나리와 같이 잎이 많은 채소들은 식물성 오메가3 지방산이 들어있으므로 섭취를 권장한다.

하지만 아무리 몸에 필요한 필수 지방산이라도 총 열량의 10% 이상 섭취하면 동맥에 축적되는 콜레스테롤이 증가하여 심혈관계 질환의 발병률이 높아지며 면역계 기능을 손상시킬 수 있다. 또한 보충제를 통해 오메가3 지방산을 지나치게 섭취하면 면역계 기능을 손상시키고 출혈을 억제하지 못하여 뇌출혈로 인한 뇌손상을 야기할 수 있으므로 관련 질환이 있는 환자들은 보충제 복용을 의료진과 상의해야 한다.

트랜스지방

요즘 문제가 되고 있는 마가린과 버터에 있는 트랜스지방에 대해서도 알아보자. 트랜스지방산은 액체 상태의 식물성 기름을 마가린, 쇼트닝 같은 유지나 마요네즈 소스 같은 양념 등 반고체 상태로 가공할 때 산패를 억제할 목적으로 수소를 첨가하는 과정에서 생성되는 지방산을 말한다.

사실 트랜스지방은 일종의 불포화지방산이다. 불포화지방산에는 시스(cis)와 트랜스(trans) 두 가지 이성질체가 있는데 이 중 트랜스 불포화지방산을 트랜스지방이라고 부르는 것이다.

트랜스지방은 자연식품 중에서도 존재한다. 하지만 문제가 되는 부분은 기존의 불포화지방산에 수소를 첨가해 포화지방산으로 만들 때 트랜스지방이 소량 생성되는 점이다. 쉽게 말해서 식물성 기름을 이용해 마가린이나 쇼트닝을 만들 때 소량의 트랜스지방이 생성된다고 생각하면 된다. 트랜스지방이 없는 기름이라도 고온으로 가열하거나 여러 번 재사용하면 트랜스지방이 생길 수 있다.

그럼 왜 이러한 가공유지를 만드느냐. 유통이 쉽고 장기 보존이 가능하기 때문이다. 게다가 포화지방산은 발연점이 높아 튀김에 사용했을 때 굉장히 바삭한 식감을 얻을 수 있기 때문에 가공식품을 제조하는 거의 대부분의 기업들은 이러한 가공유지를 사용하고 있다.

트랜스지방 또는 트랜스지방산은 트랜스형 기하 이성질체 구조를 가지는 불포화지방산과 글리세롤이 결합한 지질의 한 종류다. 자연 상태에도 소량 존재하지만, 오늘날 인류가 섭취하는 트랜스지방의 거의 대부분은 마가린 생산 과정에서 식물성 불포화지방의 수소화 공정을 거치면서 생긴다.

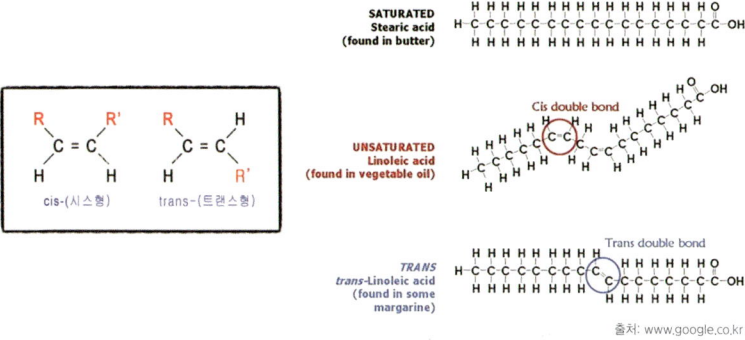

출처: www.google.co.kr

지방대사 효소인 Lipase는 시스형 지방산에서는 지방분해 효소 역할을 하지만 트랜스지방산을 분해하지 못하고 체내 축적되어 인체에 매우 좋지않은 영향을 미치게 된다.

〈 제품유형 별 트랜스지방산 평균값 〉

설명) 제품유형 별 100g당 함유된 트랜스지방산의 평균값은 해산물 0.01g, 육류 및 가공품 0.24g, 식물성기름 0.26g, 유제품 1.22g, 패스트푸드 1.4g, 제빵류 2.6g, 과자류 4.55g, 마가린 및 쇼트닝 14.4g

출처: 삼성서울병원

대부분의 연령대에서 트랜스지방산 하루 섭취량은 2.2g(2,000kcal 기준)이내로 섭취 권고하고 있다. 하지만 패스트푸드, 밀키트, 가공

식품에 대한 선호도가 증가하고 있으며, 또한 트랜스지방산은 대부분 어린이들이 즐겨 찾는 기호식품(예, 과자류, 초콜릿류, 튀김류 등)에 많이 함유되어 있으므로 성장기 어린이의 경우 섭취에 주의해야 한다.

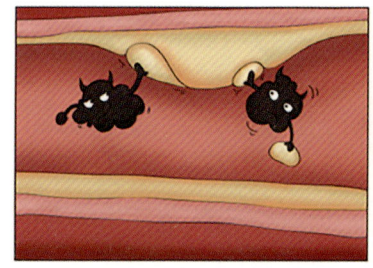 

[포화지방산 → LDL 콜레스테롤↑]   [불포화지방산 → 혈중 콜레스테롤↓]

출처: www.google.co.kr

트랜스지방산을 과다 섭취하면 암, 뇌혈관질환, 심장질환, 당뇨병 등의 유병률이 증가한다. 연구결과에 따르면 트랜스지방산은 불포화지방산보다 4배 더 유방암 유병률을 높이는 것으로 나타났다. 또한 혈중 콜레스테롤 수치를 높여 심혈관질환의 위험성을 증가시키며 인슐린 저항성이 증가하여 제2형 당뇨병의 발병률을 높이는 것으로 보고되었다.

트랜스지방산은 다이어트에도 부정적인 영향을 미치는데, 트랜스지방을 섭취하게 되면 지방 소화효소인 리파아제에 의해서도 소화 배출되지 않고 체내에 쌓여 있게 되기 때문에 열량의 섭취를 줄이더라도 트랜스지방산을 함유한 식품을 섭취하면 복부지방은 증가된다. 수유부의 경우에도 문제가 생기는데, 트랜스지방산의 과다 섭취가 태아에게 필요한 영양, 특히 필수지방산의 공급이 제한되기 때문에 임신중에 튀김류, 과자류, 초콜렛류 등의 섭취에 주의해야 한다.

트랜스지방은 액체 상태인 식물성 지방에 수소를 첨가하여 고체 상태로 만들 때 생겨나는 지방으로 대표적인 것이 마가린과 쇼트닝과 같은 경화유이다. 1960년대부터 생산되기 시작한 식물성 경화유는 동물성 기름의 포화지방이 심혈관계 질환의 발생 가능성을 높인다고 알려지면서 식품 내 포화지방의 함량을 낮추기 위해 동물성 기름 대신 사용되었다.

특히 경화유는 값이 저렴할 뿐만 아니라 음식을 바삭바삭하게 하고, 냉동식품을 오래 보관하게 해주며, 고소한 맛을 만들어 내기 때문에 과자나 빵류, 튀김 등의 제조 과정에 많이 사용되었다. 그러나, 1990년대 이후 여러 가지 연구를 통하여 식물성 경화유에 함유된 트랜스지방이 포화지방보다 더 심혈관계 질환에 나쁜 영향을 미친다는 사실이 알려지면서 세계 각국에서는 트랜스지방의 표시 제도를 도입하여 모든 식품에 대하여 트랜스지방 함량을 의무적으로 표시하도록 법적 규제를 실시하고 있다.

🏋 트랜스지방에 대한 불편한 진실

그러나 영양성분에 트랜스지방이 '0'이라 표기되었다고 해서 안전한 것은 아니다. 현재 국내 표시기준은 트랜스지방이 기준량당 0.2g미만인 경우 '0'으로 표시할 수 있으므로, 가공식품의 섭취량이 많아지면 누적된 트랜스지방의 섭취량은 '0'이 아닐 수도 있다. 다시 말하면 과자 30g 당 트랜스지방이 0.15g 이어도 표시는 '0'으로 할 수 있지만, 이 과자를 120g 섭취하게 되면 트랜스지방을 0.6g 섭취하게 되므로 트랜스지방 '0'인 제품이라고 마음 놓고 먹어서는 안 된다.

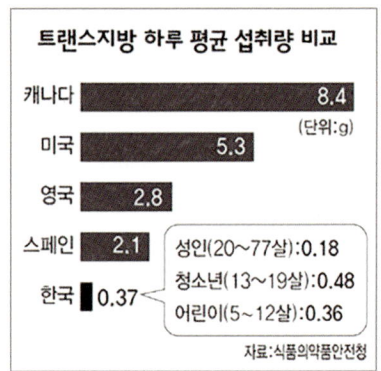

포장지에 표시된 수치를 믿을 수 없다는 것이다. 또한, 일부 제품의 경우 트랜스지방을 줄이는 대신 포화지방을 이용하여 음식의 맛과 향미를 증진시키는 경우도 있으므로 식품 선택 시 트랜스지방뿐만 아니라 포화지방의 함량에도 주의를 기울일 필요가 있다.

트랜스지방 섭취, 이렇게 줄여라

❶ 가공식품보다는 가능한 자연식품을 선택한다.

트랜스지방은 주로 식품을 가공할 때 첨가되기 때문이다. 밥과 국으로 된 한식을 골고루 먹고, 간식으로 빵과 과자류 보다는 과일, 감자, 옥수수 등을 선택한다.

❷ 가공식품은 포장지에 있는 영양 성분표시에서 지방 함량을 반드시 확인한다.

트랜스지방이 없고, 가급적이면 포화지방 함량도 적은 것으로 선택한다.

❸ 음식을 조리할 때 마가린은 사용하지 않는다.

참기름, 들기름, 올리브유 등의 식물성 기름을 사용하는 것이 좋다. 단, 불포화지방의 함량이 높으므로 산소와 맞닿아 산패되지 않도록 밀봉하여 어두운 곳에 보관하도록 한다.

❹ 기름에 튀긴 음식은 조금만 먹는다.

식물성 기름은 트랜스지방이 매우 적지만, 가열하면 가열 온도와 시간이 증가함에 따라 트랜스지방산 함량도 증가한다. 특히, 밖에서 파는 튀김의 경우에는 쓰던 기름을 계속 사용할 수도 있으므로 가급적 선택하지 않도록 한다.

식용유는 튀기는 횟수가 늘어날수록 트랜스지방이 증가한다. 따라서 5회 이상 재사용하지 말아야 한다.

🏋 쇼트닝

주로 식물성 경화유를 가리키는 단어로 사용된다. 넓은 의미로는 상온에서 고체형태이며 요리에 쓰이는 지방은 모두 쇼트닝이다. 기술적으로는 상온에서 액체인 기름에 수소를 첨가하여 경화시킨 것을 말한다.

여러가지 기름을 쇼트닝으로 만들 수 있다. 면실유, 팜유, 옥수수유, 대두유 등 식물성 기름은 물론이고 생선기름 등 동물성 기름도 쇼트닝으로 만들 수 있다. 쇼트닝으로 가공되어 유통되는 기름들은 대부분 발연점이 높으면서 상온에서 고체 형태를 유지하는 특성을 가지고 있어 튀김, 볶음, 제과, 제빵 등 기름을 가열하여 사용하는 대부분의 요리에 적합하다.

한국에서는 싼 단가로 인해 팜유로 만들어진 쇼트닝이 가장 흔하다. 튀김이나 볶음에 사용되는 경우 맛만 따지자면, 돼지기름 > 쇼트닝 > (콩기름이나 면실유 등의)식용유 순으로 맛있는걸 쉽게 느낄 수 있다. 버터 역시 맛있고 비싼 고급 기름이지만, 버터는 발연점과 발화점이 다른 기름에 비해 낮고 유당이 많아 가열하면 녹은 뒤 곧

타버리므로 튀김이나 볶음 용도로는 적합하지 않고, 무엇보다 값이 무척 비싸고 버터를 사용해 제조한 식품의 유통기한도 짧다.

2000년대 무렵만 해도 쇼트닝이 제일 싸서 길거리 포장마차나 파전집 호떡가게 등에서 널리 사용되는 기름이었으나 오늘날 한국에서는 오히려 콩기름 식용유보다 쇼트닝이 비싸서 대부분의 업체가 원가절감을 위해 쇼트닝을 쓰지 않고 콩기름 식용유를 쓰기 때문에 보기가 어렵다. 14리터 한통의 가격이 쇼트닝은 5~7만원, 콩기름은 3~4만원이다.

더군다나 쇼트닝이 몸에 해롭다는 이미지는 물론 콩기름같은 식용유가 몸에 해롭지 않다는 (의학적으론 별로 정확하지 않은) 이미지까지 퍼져서 업체들 입장에서는 그냥 콩기름을 쓰는 것이 훨씬 나은 상황이다. 그 때문에 길거리 음식이나 영세 업체들의 튀김, 볶음, 지짐 음식들이 예전보다 맛이 다소 떨어졌다.

버터와 마가린

음식의 풍미를 좋게 하는 버터와 마가린, 간단하게 말하자면 버터는 동물성 기름을, 마가린은 식물성 기름을 이용해 만들었다고 할 수 있다.

1. 버터

우유를 원심 분리해서 뽑아낸 유크림을 살균, 숙성 등의 과정을 거친 후 엄청나게 계속 휘저어서 엉기게 한 다음 응고시켜서 만든 유제품이다.

어쨌든 버터의 원료는 우유이고, 지방이 약 81% 정도를 차지하는 지방 덩어리 유제품이다. 영양 성분을 보자면 비타민 A, D, E와 칼슘, 칼륨, 마그네슘 등 각종 미네랄이 함유되어있다. 하지만 누가 버터를 이런 영양소 섭취를 위해서 먹겠는가? 그냥 맛과 향이 좋으니까 먹는 거지.

2. 마가린

식물성 기름을 원료로 해서 만들며, 각종 향료와 색소를 사용해 버터와 거의 비슷한 향과 맛을 내고 있다. 물론 천연 버터보다는 맛이 떨어지긴 하지만 마가린의 최고 큰 장점은 가격인데, 가격 대비 훌륭한 풍미, 바삭한 식감까지 안겨주는 이러한 장점 때문에 길거리 토스트나 호떡 등에는 마가린을 애용하는 편이다.

🏋 중성지방의 체내기능

1. 높은 효율의 에너지급원과 에너지 저장고

중성지방은 남자의 경우 체중의 15%, 여자의 경우 체중의 25%를 차지한다. 지방세포는 80% 이상이 지질(95%가 중성지질)이고 물의 비율이 적기 때문에 효과적인 에너지 저장고가 된다. 체지방 1g은 9kcal의 열량 발생한다.

특히, 피하지방은 저장지방의 약 50%를 차지한다.

2. 장기보호

지방조직은 유방, 자궁, 난소, 정소, 심장 및 내장장기를 둘러싸고 있어, 각 장기에 에너지를 제공하기도 하지만, 외부의 충격으로부터 보호막의 역할을 한다.

3. 체온조절

지방의 약 50% 정도가 피하지방이 차지하고 있다. 일반적으로 지방은 열전도율이 낮아 열차단 효과가 크다. 따라서 추운지방에 있는 사람은 일정부분 체지방을 갖고 있는 체형이 유리하다 하겠다.

정상 체형보다 비만한 사람의 경우, 일반적으로 체온이 높고, 운동수행으로 발생되는 에너지 발산이 잘 안되어 체온이 빨리 상승하여 이로 인해 운동하는 것이 불리하고 지속하기 어렵다.

예를 들면, 마라톤의 경우 장시간 운동으로 인해 많은 에너지를 사용하고 열발산이 많이 되므로, 낮은 체지방이 열발산에 용이하고, 수영선수의 경우 높은 체지방이 부력에도 도움이 되고 체온보호에도 유리한 측면이 있다.

4. 지용성 비타민 흡수촉진

지용성 비타민으로는 비타민 A, D, E, K가 있는데, 이러한 지용성 비타민의 운반작용을 하고 흡수를 촉진시키는 데 지방의 역할이 있다.

예를 들면, 당근의 카로틴(비타민 A)은 기름을 넣어 조리하면 흡수율을 높일 수 있다.

5. 체조직 구성성분(뇌와 신경조직)

인체구성 조직으로 지방을 체구성지방과 저장지방 형태로 분류하고 뇌와 신경조직에는 리놀렌산과 콜레스테롤, 복합지질(인지질)이 주요 구성 성분이고, 뇌중량의 약 50%가 지방 성분이다. 혈액에는 중성지방, 콜레스테롤, 인지질, 지단백질, 유리지방산의 형태로 존재하고, 저장 지방으로는 중성지방의 50%가 피하지방으로 저장되어 있다.

6. 맛과 포만감

지방은 음식에 특유의 향미와 부드러운 식감을 준다. 또한, 위장관에 머무는 시간이 길기 때문에 포만감이 오래 유지된다.

필수 지방산의 체내기능

리놀렌산과 리놀레산은 체내에서 합성되지 못한다.
반드시 식품으로 공급되어야 하는 것을 필수 지방산이라 한다.
필수지방산의 주된 기능은 피부의 보전, 생체막의 구조적 완전성과 막 생성기능, 아이코사노이드(Eicosanoid)의 생성과 관련된 전구체로서의 역할과 아이코사노이드 생성조절 기능 등이다.

대부분의 식이에는 필수 지방산의 결핍을 우려하지 않아도 되지만, 다중불포화지방산이 결핍된 저지방 영양공급을 받는 환자는 결핍증이 발생하며 결핍 시에는 성장기에 성장지연, 생식 장애, 심장과 간장기능 장애, 신경 및 시각 기능 장애 등이 야기된다.

1. 세포막의 구조적 완전성 유지

세포막은 인지질로 이중층을 이루고, 인지질내에 포화지방산과 불포화지방산을 일정 비율로 유지해야 적당한 유동성, 유연성, 투과성을 지닐 수 있다. 필수 지방산의 섭취가 부족하면, 막의 유동성을 일정하게 유지하기 위해서 올레산으로부터 아이코사트리에노산(eicosatrienoic acid)을 합성하여 막에 대한 피해를 최소화 시킨다.

2. 혈청콜레스테롤 감소

인지질에 있는 필수 지방산은 조직으로부터 혈청으로 방출된 과잉의 유리콜레스테롤에 결합후 간으로 이동하여 담즙산으로 전환된다.

3. 두뇌발달과 시각기능 유지

뇌와 신경조직에는 지질의 함량이 높으며, 지질은 뇌세포막의 기능과 직접 관련되어 있다. 따라서 성장발달 기간 동안 필수지방산이 장기간 부족하면 인지기능과 학습능력, 시각기능이 저하될 수 있다. 성장기의 수험생들은 골고루 영양을 섭취하고 꾸준하고 규칙적인 운동을 통해서 뇌조직을 활성화 시킨다면 학업성취도가 훨씬 좋아 질 것이다. 운동을 하면 뇌혈류량이 30%까지 증가한다는 논문도 있을 정도이니 수업생들일지라도 운동하는 시간이 아깝다고 생각할 필요는 없다는 말씀.

운동시 지방의 중요성

1. 운동과 지방연료

운동 중 에너지 생산에 관여하는 주된 두가지 에너지원은 근육 글리코겐 형태의 탄수화물과 지방산 형태의 지방이다. 지속적인 운동시 탄수화물 및 지방은 아세틸CoA로 대사되어 계속적으로 TCA회로를 거쳐 에너지를 생산한다.

두 영양소의 이용 정도는 개인의 운동훈련 상태, 식이섭취, 운동강도 및 운동기간 등 다양한 요인들에 의해 결정된다. 운동 중 지질에서 얻는 주된 두가지 에너지원은 혈중 유리지방산(FFA)과 중성지방(TG)이다.

혈중 유리지방산은 지방세포에 있는 중성지방의 저장물로 부터 빠르게 공급되고 재충전된다. 중강도 운동을 하는 동안에는 전체 에너지의 20% 이하로 탄수화물로부터 공급되고, 나머지 80%는 지방으로부터 공급된다고 한다.
운동강도를 증가시키면 근육내의 중성지방의 이용이 감소된다.
운동을 하는 동안 신체 내 에너지원을 결정하는 주된 요인 중 하나는 운동 강도이다.

다시 말하면, 65~70% VO_2 max정도 및 그 이상의 고강도 운동 중에는 탄수화물이 주된 에너지 원이다. 운동 강도의 변동에 따라 지방 및 탄수화물의 에너지 소모량이 교차(crossover)된다.

고강도 운동 기간중 주된 에너지 원으로 유리지방산의 에너지 이용을 제한하는 요인은 아래와 같다.

❶ 지방세포로 부터의 유리지방산 방출 감소
❷ 알부민에 의한 지방산 운송능력 감소
❸ 근육세포로 부터 지방산의 방출 감소
❹ 보조세포(accessory cell)내에서의 지방산 이용 감소

고강도 운동으로 젖산의 농도가 높아지면 지방세포로 부터 유리지방산의 방출이 줄어들게 된다.

마라톤과 같이 지속적인 운동인 경우 경기 후반에 이용되는 총 에너지의 90%가 유리지방산으로부터 공급된다. 이런 이유로 필자는 체지방을 태워서 에너지로 사용하는 유산소 운동으로 마라톤을 주변에 많이 권하는 데, 마라톤을 무슨 재미로 합니까? 라는 질문을 받을 때는 난감하기도 하다. 달리는 것이 남자한테 참 좋은데 뭐라 말도 못하겠고.

2. 탄수화물의 절약 효과

운동을 하는데 주 에너지원은 글리코겐인데, 글리코겐의 저장량이 얼마되지 않기 때문에 다량 저장시키는 방법도 연구중이지만, 글리코겐을 효과적으로 사용하는 노력이 필요할 것이다. 글리코겐을 효과적으로 사용하기 위해서는 저장된 지방의 이용을 촉진시키는 방법이 있다.

3. 지구력 트레이닝의 효과

지방은 체내에서 가장 큰 에너지원이다. 지방은 안정 시 및 가벼운 활동 시에 많은 조직의 연료로 사용된다. 그러나 지방은 근본적으로 근육 세포 밖에 저장되고, 단지 유산소적 일 때만 사용이 되며, 운동대사 연료로써의 능력은 근육에 의한 유리지방산(FFA)이동과 섭취에 의해 제한된다. 지구력 훈련에 의한 근육 단위당 미토콘드리아 농도의 증가는 중강도 운동 중에 지방의 사용이 향상되는 지구력 트레이닝에 준하여 일어난다. 지구력을 요하는 선수들에게 중요한 것은 지방을 산화시킬 수 있는 능력을 증가시키는 것이다.

지방의 에너지원으로서의 장·단점

1. 지방의 에너지원으로서의 장점

▲ **장기간 에너지 공급**: 지방은 당과 달리 장기간 에너지를 공급할 수 있다. 글루코스는 운동에 잘 훈련된 사람일지라도 3,000kcal이상 저장하기가 쉽지 않다. 그러나 지방은 무한정 저장 가능한 에너지 원이다. 당은 고강도 트레이닝에 적합한 에너지 원이므로 빠르게 에너지를 제공하지만, 빨리 소진된다. 지방이 에너지원으로 사용되면, 긴 시간 동안 에너지를 공급해주어 오랜 기간 동안 에너지가 필요한 운동에 적합하다.

▲ **열량 밀도가 높음**: 지방은 당과 달리 단위 부피 또는 무게당 더 많은 열량을 가지고 있기 때문에 지방이 에너지원으로 사용되면, 더 적은 양의 식품으로도 충분한 에너지를 얻을 수 있다.

▲ **에너지 저장**: 탄수화물, 지방, 단백질이 3대 에너지 원이다. 다이어트 목적으로 탄수화물을 줄이면, 인체는 지방을 분해하여 에너지를 생산한다. 지방은 당과 달리 공간을 차지하지 않

으므로, 많은 양의 에너지를 저장하는데 훨씬 유리하다.

▲ **영양소의 흡수를 촉진**: 지방은 지용성 비타민 (예: 비타민 A, D, E, K)의 흡수를 촉진하는데 도움을 준다. 지용성 비타민은 지방과 함께 섭취되어야 제대로 흡수된다. 하지만 지방의 과다한 섭취는 비만, 당뇨병 등의 건강 문제를 일으킬 수 있으므로, 적절한 양의 지방을 섭취하는 것이 중요하다.

2. 지방의 에너지원으로서의 단점

▲ **소화 및 흡수 시간이 길다**: 지방은 탄수화물에 비해서 소화 및 흡수가 느리기 때문에 에너지를 얻기 위해서는 시간이 더 필요하다. 이는 급한 상황에서 에너지를 빠르게 얻는 것이 어렵다는 것을 의미한다. 운동 중 빠른 에너지 보충을 위해서 탄수화물 위주의 식단이 효과적이다.

▲ **높은 열량 밀도**: 지방은 단위 무게당 높은 열량을 가지고 있기 때문에 과도한 지방 섭취는 비만과 같은 건강 문제를 초래할 수 있다.

▲ **산화 스트레스 증가**: 지방은 산화되기 쉬우며, 이는 산화 스트레스를 증가시킨다. 이는 세포 손상과 염증을 초래할 수 있는데, 체지방이 많을수록 만성 염증에 시달리게 된다. 만성염증

으로 인해 세포의 돌연변이가 생기면 발생되는 것이 암이다. 따라서, 비만한 사람은 암발생률도 높다.

▲ **혈관 건강 악화:** 과도한 지방 섭취는 혈관 건강을 악화시킬 수 있다. 지방은 혈관 벽에 쌓일 수 있으며, 이는 고혈압과 동맥경화 등의 질병을 유발할 수 있다.

따라서 지방은 에너지원으로서 일부분은 필요하지만, 과도한 섭취는 건강에 해로울 수 있으므로 균형 잡힌 식습관과 적절한 운동은 건강한 지방 대사를 유지하는 데 중요하다.

지질의 섭취실태

우리나라 국민건강영양조사 결과에 의하면 섭취비율은 조사이래 현재 꾸준히 증가하는 추세인데, 2013~2017년도 지방에너지 섭취비율은 연령별로 다르지만, 평균 22% 정도이다. 지질섭취량에 대한 식품군별 기여도는 육류, 곡류, 유지류 순으로 육류 소비량의 증가가 지질 섭취량을 증가시키는 가장 큰 요인이었다. 그 외 패스트푸드나 식물성 기름의 섭취량 증가도 영향을 준 것으로 나타났다. 참고로 앞서 소개되었지만 탄수화물 : 단백질 : 지방 비율을 최소한 60 : 20 : 20 정도로 유지하는 것이 좋겠다. 필자의 경우는 50 : 30 : 20 으로 유지하려고 꾸준히 노력하고 있다.

단백질

단백질은 탄수화물 지방과 달리 탄소, 수소, 산소외에 질소까지 포함되어 구성되어져 있다. 질소까지 포함되어 있다는 차이점으로 단백질을 섭취했을 때, 탄수화물, 지방과는 사뭇 다른 의미가 있다는 것으로 생각하면 되겠다. 음식물로 섭취되는 단백질은 20여종의 아미노산으로 구성되어져 있다.

20개 아미노산 중 9개는 필수 아미노산으로 우리 몸에 꼭 필요한 단백질 기본 구성단위이지만 체내 합성이 되지 않기 때문에 반드시 음식물을 통해 섭취되어야 한다.

Essential	Conditionally Non-Essential	Non-Essential
☺ Histidine	Arginine	Alanine
Isoleucine	Asparagine	Asparatate
Leucine	Glutamine	Cysteine
Methionine	Glycine	Glutamate
Phenylalanine	Proline	
Threonine	Serine	
Tryptophan	Tyrosine	
Valine		
Lysine		

출처: www.google.co.kr

단백질의 종류와 기능

단백질은 인체에 가장 중요한 필수 영양소 중의 하나이다. 효소, 호르몬, 신경전달물질, 항체 등을 구성하고 근육이나 신경 등의 체조직을 구성한다.

화학적 구조는 CHO외에 약 16% 정도 N을 함유하고 있다는 것이 탄수화물과 지방과는 다르다. 또 약간의 특수한 단백질에는 황, 인, 요오드, 철분 및 구리와 같은 무기 성분을 함유하고 있다.

기본성분은 아미노산이다. 아미노산은 총 20가지가 있는데 펩티드 결합을 통해 연결되고 적어도 1~2개 이상의 폴리펩티드로 이루어진 고분자이다.

아미노산(amino acid)의 구조

아미노산은 생물의 몸을 구성하는 단백질의 기본 구성 단위로, 단백질을 완전히 가수분해하면 암모니아와 함께 생성된다.

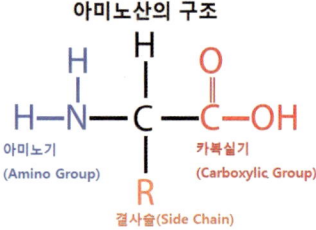

아미노산의 구조

아미노산은 단백질이 우리몸에 소화되기 위해 분해된 것이다. 단백질을 섭취하면 단백질로 바로 흡수가 되는 것이 아니고, 아미노산이란 미립자로 분해되어 흡수되는 것이다. 단백질은 아미노산으로, 탄수화물은 포도당으로 지방은 지방산으로 체내에 흡수되는 것이다.

아미노산의 분류

화학적 분류와 체내합성여부에 따라 필수아미노산과 비필수 아미노산으로 분류한다.

1. 화학적 분류

단백질의 기본단위는 아미노산으로 보통 R그룹에 중성을 유지하나 R그룹에 아미노기($-NH_2$)가 하나 더붙으면 그 아미노산은 염기성을 나타내고 R그룹에 카르복실기(COOH)가 더 붙으면 산성을 나타낸다.

1) 중성아미노산

한 분자 중에 아미노기 1개와 카르복실기 1개를 가지고 있는 것으로 글리신, 알라닌, 세린, 트레오닌, 발린, 루신, 이소루신 등이 있다.

2) 산성아미노산

한분자 속에 아미노기 1개 와 2개의 카르복실기를 지닌 것으로 아스파르트산(Aspartic acid)과 글루탐산(Glutamic acid)이 있다.

3) 염기성아미노산

한분자 속에 2개의 아미노기와 1개의 카르복실기를 가진 것으로 리신(Lysine)과 아르기닌(Arginine)이 있다.

2. 필수 아미노산과 비필수 아미노산

20여종의 아미노산 중에 체내에서 합성되는 아미노산은 비필수 아미노산, 체내 합성되지 않고 반드시 음식으로 섭취해야 하는 필수 아미노산으로 분류된다. 필수 아미노산이던 비필수 아미노산이던 중요도는 동일하다. 따라서 하나라도 부족하면 완전단백질이 되지 못하므로 다양한 음식으로 부터 섭취해야 한다. 그렇지 않으면 단백질 합성에 문제가 발생된다.

따라서 단백질의 영양가는 그속에 함유되는 아미노산의 종류와 양에 따라 정해진다. 그래서 음식을 통해서 섭취해야만 되는 필수 아미노산의 종류와 효능에 대해서 잘 알지 못해 자주 피로하거나 감기에 자주 걸리시는 분들이 많다.

음식이나 영양제로 충분히 섭취만 해준다면 각종 질병을 예방할 수 있으니 필수 아미노산의 종류와 효능에 대해 알아보자.

🏋 필수 아미노산(amino acid) 종류와 효과

체내에서 합성이 안되지만 꼭 필요한 필수아미노산 9종은 음식이나 영양제로 꼭 섭취를 해주어야 한다.

1) 첫번째 필수 아미노산 '이소류신'(Isoleucine)

필수 아미노산의 하나이며, 아이소류신이라고도 한다. 류신의 이성질체로, 이소류신 내에서도 두 쌍의 이성질체가 있다. 각 쌍은 중간 지점의 메틸기(CH_3-) 방향이 서로 반대 방향이다.

발린, 류신 등과 함께 묶어서 BCAA(Branched-chain amino acid)라고 부르기도 한다. 무산소 운동을 할 때 먹는 단백질 보충제 일부의 주 성분이기도 하다. 병원에서 영양 수액제로 많이 사용되는 성분이기도 하다. BCAA는 근육 구성 성분의 35%를 차지하고 있어 근육을 형성하고 운동능력을 향상시켜주는데 중요한 역할을 하고 있다. 헤모글로빈 생성에 반드시 필요하고, 간을 정화시켜주고, 피로회복, 신경기능 회복에 도움이 되는 아미노산이다.

2) 두번째 필수 아미노산 '류신'(Leucine)

위의 이소류신, 발린과 함께 근육을 구성하는 주요소이다.

류신은 혈당을 조절해주고, 뼈, 근육조직의 성장, 호르몬 생성, 손상조직 치유, 에너지 생성 등등 여러가지 효능이 있다. 트라우마나 극심한 스트레스 뒤에 오는 근육 손상도 예방 해준다.

육류, 유제품, 콩 제품, 기타 콩류와 같은 단백질을 함유한 식품으로부터 류신을 얻을 수 있다. 류신 대사의 최종 산물은 아세틸-CoA와 아세토아세트산이다. 따라서 류신은 리신과 함께 케톤체 생성성 아미노산이다.

3) 세번째 필수 아미노산 '발린'(Valine)

근육을 구성하는 아미노산으로 피로해소, 운동능력 향상에 효과가 있고 정서적 안정이나 두뇌 효율 증가에도 효과가 좋아 아이들이 섭취해주면 좋다.

발린은 비극성 지방족 아미노산이다. 육류, 유제품, 콩제품, 기타 콩류와 같은 단백질을 함유한 식품으로부터 발린을 얻을 수 있다.

Valine

근육을 형성하는 주 재료로서 근육의 35%을 구성하는 성분이므로 무산소 운동으로 근육을 키우고자 하는 사람에게 중요한 성분으로 취급되어 대부분의 단백질 보충제에 첨가되어 있다.

필자도 이러한 이유로 단백질 보충제를 섭취하고 있다.

4) 네번째 필수 아미노산 '리신' (lysine)

리신은 바이러스를 막아주는 항체 형성에 관여하고 그외에 호르몬, 효소의 재료가 되기도 하기 때문에 면역과 신체 조절 기능유지를 위해 정말 필요한 아미노산이다. 리신이 부족할 시 빈혈, 피로, 어지럼증, 메스꺼움, 충혈 등이 발생하게 된다.

LYSINE

5) 다섯번째 필수 아미노산 '트레오닌'(Threonine)

트레오닌은 신진대사를 촉진하여 간에 지방 축적을 방지한다. 지방간을 예방하는 효과 때문에 지방간이 있는 분들에게 정말 필요한 필수 아미노산이다. 또한, 심장, 중추신경, 골격근에 존재하며 단백질 균형을 맞춰주는 역할을 하고 있다.

트레오닌은 콜라겐을 구성하는 아미노산으로 피부의 탄력 유지와 보습 작용이 있어 촉촉하고 탄력 있는 피부를 만들어 주기도 하며 새로운 세포 생성을 촉진하는 효과가 있다. 때문에 여성들에게 더 인기있는 필수 아미노산이다.

6) 여섯번째 필수 아미노산 '메티오닌'(Methionine)

핵심 기능은 골격근 단백질의 구성 성분으로 성장과 소화관 발달을 돕고, 항산화 및 해독 작용이 있는 글루타치온을 만드는 대사 산물로 항산화 효과, 스트레스 감소, 콜레스테롤 감소, 지방간 억제, 간해독 등 다양한 기능이 있다. 술마시기 전후에 메티오닌이 함유된 음료를 마시면 간기능 회복에 도움이 되겠다.

메티오닌은 황 함유 아미노산으로 콜라겐을 생성하여 피부, 모발 및 손톱의 상태를 개선시키는 미용효과가 있는 것으로 알려져 있으며 면역 기능을 향상시키는 메티오닌은 항산화 물질 생성에 도움을 주기도 하지만 직접적으로 항산화 역할을 한다. 히스타민의 혈중 농도를 감소시켜 알레르기 치료 효과도 있다. 뇌신경 전달 물질인 세로토닌, 노아드레날린, 도파민 등을 만드는 재료이기도 하다. 기미나 주근깨의 원인이 되는 멜라닌 생성 효소 활성을 억제하여 멜라닌의 배출을 촉진한다.

7) 일곱번째 필수 아미노산은 '페닐알라닌'(phenylalanine)

페닐알라닌은 티로신, 모노아민 신경전달물질인 도파민, 노르에피네프린(노르아드레날린), 에피네프린(아드레날린) 및 피부 색소인 멜라닌의 전구체이다. 진통 효과, 항우울 효과, 기억력, 주의력 향상을 위한 영양 보충제로 시판되고 있는데, 특히 두통 완화 효과, 심신 안정에 도움이 되기도 한다. 때문에 노인분들이 꼭 챙겨 드시면 건망증이나 치매 예방 효과가 있다.

8) 여덟번째 필수 아미노산 '트립토판(tryptophan)'

트립토판은 뇌 신경전달물질인 세로토닌, 호르몬인 멜라토닌 및 비타민 B_3의 전구체 물질로써, 심신 안정에 매우 효과적이다.

9) 아홉번째 필수 아미노산 '히스티딘'(Histidine)

히스티딘은 효소의 작용을 받아 체내에서 히스타민을 합성한다. 혈관을 확장하여, 혈압을 낮추고 스트레스와 관절염을 완화한다. 피부를 진정시키고 노화를 방지한다.

피부 단백질인 필라그린(Protein filaggrin)의 주 역할은 피부막을 유지하는데, 히스티딘 아미노산은 이 피부 단백질 필라그린 생성에 중요한 역할을 한다. 피부 성장 촉진, 주름 개선, 노화 방지, 만성 관절염 완화, 다이어트 효과, 뇌신경 보호 등으로 효과가 다양하다.

20개의 아미노산중에 필수아미노산 9개를 모두 설명하였는데, 필수 아미노산은 체내 합성이 되지 않아서 반드시 음식으로 섭취해야 하는 것이다. 비필수 아미노산의 역할도 필수아미노산과 마찬가지로 각각의 기능이 다양하게 있으므로, 충분한 완전단백질 섭취하는 식습관을 갖는 것이 건강증진과 백세건강에 매우 중요하다.

🏋 유리 아미노산(free amino acids)

유리 아미노산(free amino acids)이란 단독 분자로 존재하는 아미노산을 뜻하는 것으로, 이는 아미노기($-NH_2$)와 카르복시기($-COOH$)가 해리된 상태로 존재한다

▲ **유리 아미노산**은 아미노산이 단백질이나 펩타이드 형태로 결합하여 존재하지 않고, 단독 분자로 존재하는 것을 말하고,
▲ **구성 아미노산**은 아미노산이 단독으로 존재하지 않고, 펩타이드 형태로 결합되어 단백질을 이루고 있는 것을 말한다.

🏋 단백질 분류

1. 화학적 분류

1) 단순 단백질
아미노산외에 다른 화학 성분을 함유하지 않은 단백질이다.
즉, 알부민, 글로불린, 글루테린, 프롤라민, 알부미노이드, 프로타민, 히스톤이 있다.

2) 복합 단백질
복합 단백질은 아미노산외에 몇가지 화학성분을 함유하는 단백질인데, 핵단백질, 당단백질, 인단백질, 지단백질, 색소단백질, 금속단백질 등이 있는데, 탄수화물, 지질, 헴, 인산기, 플라빈, 뉴클레오티드, 철, 아연, 칼슘, 구리 등이 비아미노산으로 붙어 있다.

3) 유도 단백질
단순단백질 또는 복합단백질이 산, 알칼리, 효소 등의 작용이나 가열에 의해 만들어 진 것으로 변성도가 작은 것을 1차 유도 단백질이라 하고, 젤라틴, 응고 단백질 등이 있고 가수분해된 것을 2차 유도 단백질이라 하고, 제1차 유도단백질의 가수분해 산물인 프로테오스, 펩톤, 펩티드 등이 있다.

2. 영양학적 분류

단백질에 함유된 아미노산의 종류와 양에 따라 완전단백질과 불완전단백질로 나눌 수 있다

1) 완전단백질 - 생명유지, 성장

9개의 필수 아미노산을 함유하고 있는 단백질을 일컫는데, 완전단백질을 충분히 먹어주면 면역력 향상에도 상당히 도움을 받는다. 필수아미노산이 빠짐없이 충분한 양이 함유되어 있어 체내 단백질 합성에 적합한 비율로 조성된 단백질을 말한다. 생체 이용률이 높아서 일반적으로 양질의 단백질이라 한다. 또한 체내흡수율도 식물성 단백질보다 더 높다. 거의 모든 동물성 단백질은 완전 단백질이며 육류, 생선, 우유와 계란 등이 대표적이다.

참고로 식물성이지만 대두를 포함한 콩류와 견과류는 완전단백질이다.

2) 부분적 불완전단백질 - 생명유지

필수 아미노산 중 하나 또는 그 이상의 아미노산이 부족하여 체단백질의 합성을 위한 모든 아미노산을 충분히 제공할 수 없는 단백질이다.

성장을 돕지는 못하지만, 체중을 유지시키는 작용을 한다. 거의 모든 식물성 단백질이 여기에 속한다.

3) 불완전단백질 – 성장지연

성장을 돕지는 못하지만 생명 유지에 중요한 단백질로 필수아미노산이 1개 이상 결핍된 단백질을 일컫는 말이다. 단백질 급원으로 이것만 섭취하였을 때, 성장이 지연되고 근육소모로 체중이 감소하며, 이 상태가 지속되면 사망한다. 예를 들어 밀단백 글리아딘, 쌀단백 오리제닌(oryzenin), 젤라틴과 옥수수 단백 제인(Zein) 등이 이에 해당된다.

3. 기능적인 분류

단백질은 생체 내에서 수행하는 기능에 따라 효소 단백질, 운반 단백질, 구조단백질, 운동단백질, 방어 단백질, 조절 단백질, 영양 단백질 등으로 분류할 수 있다.

분류방법	종류	예
기능	효소	포스포프록토키나제, 트립신, DNA 중합효소
	구조단백질	콜라겐, 엘라스틴, 케라틴
	방어단백질	항체, 인터페론
	운반 및 저장 단백질	헤모글로빈, 아포리포단백질, 카세인, 페리틴
	조절단백질 및 수용체	lac 억제인자, 인슐린, 글루카곤
	근 수축과 운동단백질	액틴, 미오신
구성성분	단순단백질	펩신, 헥소키나제, 트립신, 혈청 알부민
	복합단백질	면역 글로불린, 트렌스페린, α-아밀라아제
형태	구상단백질	효소, 호르몬 등 거의 대부분의 단백질
	섬유단백질	케라틴, 콜라겐, 엘라스틴
구조	단량체단백질	펩신, 미오글로빈, α-아밀라아제, 혈청 알부민
	올리고단백질	헤모글로빈(4개), 알코올 탈수소효소(2개)

출처: www.google.co.kr

단백질 구조

공통적으로 탄소, 수소, 산소, 질소로 구성되어져 있고 아미노기($-NH_2$)와 카르복실기($-COOH$)가 결합되어져 있으며, 여기에 수소 원자와 곁가지 R부분이 결합되어 있다.

▲ 1차 구조
사슬모양을 이루는 아미노산 구조

▲ 2차 구조
사슬 모양이 1차 구조가 α 헬릭스(나선구조), β시트(병풍구조) 등을 형성하며

▲ 3.4차 구조
3차원적인 입체구조

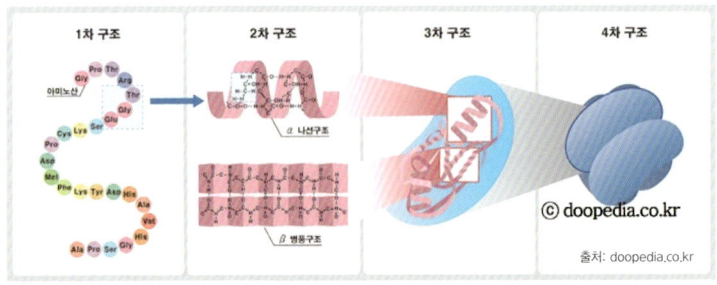

🏋 단백질의 변성

단백질 변성은 열, 산, 염기 또는 기계적 작용에 인해 안정된 단백질의 3차 구조가 변화되어 그 기능을 상실하게 되는 것을 말한다. 가열에 의해 계란단백질 중 알부민이 굳어지는 것, 계란흰자를 저어줌에 따라 거품을 형성하는 것, 우유에 산을 첨가하면 카제인이 응고되는 것 등이 단백질의 변성에 해당된다.

🏋 단백질의 기능

1. 체조직의 성장과 보수 – 구조적, 기계적 기능

단백질은 다양한 아미노산의 기능에 따라 체내에서 근육, 피부, 뼈, 연골 등 다양한 체조직의 구성 요소로 작용하여 기능을 유지한다.

- ▲ **근육 성장과 보수**: 운동을 통해 근육에 자극을 주면 근섬유가 손상되고, 이 손상된 근섬유를 회복하고 강화하기 위해서는 단백질이 필요하다. 특히 아미노산 중에서도 BCAA(Branched chain amino acid)인 발린, 류신, 이소류신은 근육 성장에 매우 중요한 역할을 한다.

- ▲ **조직 구성과 수리**: 피부, 뼈, 연골, 힘줄 등은 지속적으로 수리와 구성이 필요한 체조직이다. 단백질은 이러한 조직을 유지하

고 보수하는 데 필수적이다. 예를 들어, 콜라겐은 피부 탄력과 구조를 유지하는 데 중요한 단백질이다.

단백질 섭취는 운동, 연령, 성별 등 여러 요소에 따라 다를 수 있다. 근력 운동이나 유산소 운동을 하는 경우, 단백질 섭취가 중요한데, 이를 통해 근육을 회복하고 강화한다. 하지만 과도한 단백질 섭취 역시 건강에 해로울 수 있으므로 간기능과 신장기능을 체크하면서 적절한 섭취량을 유지하는 것이 좋겠다.

우리나라 65세 이상 노인의 절반이상이 단백질 부족이다. 탄수화물 위주의 음식문화 때문이겠지만, 식사때마다 탄수화물을 약간 줄이고 식물성 단백질 뿐만이 아니라 육류나 생선 같은 동물성 단백질을 통해 단백질 섭취를 늘려나가는 것이 필요하다.

2. 효소와 호르몬 합성

효소(enzyme)와 호르몬(hormone)은 단백질의 한 종류로서, 생체 내에서 화학 반응을 조절하거나 신호를 전달하는 데에 관여한다.

1) 효소(Enzyme)합성

효소는 생체 내에서 화학 반응을 촉진하거나 조절하는 단백질인데, 대부분 생체 내의 대사과정 반응 속도를 상승시키는 역할을 하게 된다. 이는 화학 반응의 활성화 에너지를 낮춰줌으로써 반응이 빠르게 일어나도록 한다.

효소의 합성은 DNA에 기록된 유전정보에 따라 진행되는데, 유전자가 DNA에서 복제되어 mRNA로 전사되면, mRNA는 세포의 리보좀(ribosome)에서 단백질로 번역되어 효소의 기능을 수행한다. 각 효소는 특정한 체내 화학 반응의 촉진 조절에 관여하여 생명 활동을 유지하는 데 중요하며, 신진대사, 소화 및 생체 내 수많은 과정에 관여하고 있다.

2) 호르몬(Hormone)합성

호르몬은 체내에서 내분비되어 세포 간 신호 전달을 담당하는 화학 물질로서, 주로 혈류를 통해 전달된다. 호르몬은 여러 가지 생체 기능을 조절하고 세포의 표적 조직이나 장기에 도달하여 특정한 반응을 유도 조절하게 된다.

호르몬의 합성은 내분비계(endocrine system)에 의해 조절되는데, 주로 내분비선(endocrine gland)에서 생성되며, 또한 일부는 신경계(nerve system)나 다른 조직에서도 생성될 수 있다. 호르몬은 대상 조직이나 장기로 운반되어 특정 수용체(receptor)와 작용하여 고유의 반응을 유발한다. 호르몬은 성장, 대사, 생식, 면역 기능 등 다양한 생체 기능을 조절하는데 중요한 역할을 한다.

3. 면역기능

단백질은 면역 시스템의 중요한 부분으로서, 다양한 면역 기능을 수행하고 있다. 면역 시스템은 외부에서 침입한 항원으로 부터 인체를 보호하는 역할을 하며, 단백질은 이러한 방어 기능 생성의 핵심 요소가 된다. 단백질의 면역 기능은 아래와 같다.

1) 항체 (Antibodies) 형성

항체는 외부로부터 감염된 특정한 병원체, 즉 항원(antigen)을 인식하고 다양한 면역 반응을 유발하게 되는데 단백질이 부족하면 항체생성력이 저하되어 면역기능이 떨어지게 된다. 따라서 각종 질병으로부터 안전하게 건강을 지키려면 다양하고 고르게 잘 먹어야 되는데, 특히 충분한 단백질 섭취가 필요하다. 우리나라 65세 이상 노인 절반이 단백질 부족이다.

2) 염증 반응 (Inflammation Response)

염증은 면역 시스템의 중요한 방어 기전 중 하나인데, 부상이나 감염으로 인해 발생하며, 염증 반응을 조절하는 여러 가지 단백질이 관련된다. 염증 반응 단백질은 면역 세포의 활성화를 촉진하고 혈관의 투과성을 높이는 등의 역할을 수행하여 면역 반응을 강화한다. 단백질이 부족하면 염증 반응 조절 기능이 저하되어 만성 염증이 생기면 세포 돌연변이가 발생되어 암세포가 생길수 있으므로, 평소에 충분한 단백질 섭취하는 식습관을 가져야 건강한 몸을 유지할 수 있다.

3) 포식 세포(Phagocytes) 기능

포식 세포는 외부로부터 들어온 병원체, 즉 항원을 먹어치우는 역할을 한다. 이러한 세포들은 다양한 단백질을 이용하여 병원체를 인식하고 살균하는 역할을 수행하므로 충분한 단백질 섭취가 중요하다.

4) 사이토카인(Cytokines) 형성

사이토카인(cytokine)은 혈액 속에 함유되어 있는 비교적 작은 크기의 면역 단백질 중 하나이며 세포간 신호 전달에 중요한 역할을 하며, 주로 면역 세포(T 림프구, B 림프구, 백혈구, 대식세포)가 분비하는 단백질이다. 사이토카인은 세포로부터 분비된 후 다른 세포나 분비한 세포 자신에게 영향을 줄 수 있다. 즉, 대식세포의 증식을 유도하거나 분비 세포 자신의 분화를 촉진하기도 한다. 주로 면역세포들이 생산하지만, 그 외에 섬유아세포, 내피세포, 기질 세포 등 다양한 세포들도 생산한다.

5) 보체 단백질 (Complement Proteins)

보체 단백질은 항체와 상호작용하여 병원체의 면역 체계에 대한 공격을 촉진하는 역할을 한다. 이러한 단백질들은 항체와 함께 작용하여 외부의 병원체를 식별하고 사멸하는 데에 기여한다.

이 외에도 면역 시스템은 다양한 유형의 단백질을 활용하여 병원체와의 싸움을 돕고, 자체 세포와 병원체 사이의 상호작용을 조절하고 있다. 단백질의 다양한 기능은 면역계의 복잡한 작용을 지원하며, 이를 통해 병원체로부터 인체를 보호하고 건강을 유지해주고 있다.

4. 수분평형

단백질의 수분평형은 세포 내외의 수분 농도를 유지하고 조절하는 기능을 한다. 수분평형은 세포의 생존과 기능을 유지하는 데 매우 중요한 요소인데, 세포 내외의 수분 농도 차이가 크면 세포의 기능이 저하되거나 손상되어 세포가 파괴될 수 있다. 따라서 수분평형은 세포 내외의 화학 물질의 이동과 농도 조절에 영향을 미치며, 이는 항상성(Homeostasis)이라고도 불리는 생체 내 안정성을 일정하게 유지하는 프로세스의 일부이다.

인체는 항상성이 무너지면 생명이 위태로울 수도 있는데 이러한 항상성을 조절하기 위해 단백질이 충분히 공급되어야 한다.
단백질 영양 공급이 불충분하면 혈액내 알부민 수치가 떨어지면서 혈관내 체액이 빠져 나가고 이로 인해서 몸에 부종이 생기는데 이러한 현상은 삼투압(oncotic pressure) 작용에 의해 발생되어 진다.

5. 산염기평형

단백질 구성 단위인 아미노산은 염기성기(아미노기)와 산성기(카르복실기)를 둘 다 갖고 있어서 산이나 염기로 다 작용할 수 있다. 단백질은 세포 내 환경의 pH 변화에 영향을 받게 되는데 안정된 PH를 유지하기 위해 수소이온을 제공하거나 받아 들인다. 단백질 내부에서 산염기평형은 아미노산의 산성과 알칼리성 성질을 조절하며, 이로 인해 단백질의 전체적인 구조와 기능이 변화한다.

6. 영양소 운반 기능

단백질은 여러 가지 방식으로 각 특정 세포과 장기들에 영양소 운반에 중요한 역할을 수행한다. 영양소 운반은 인체 내에서 영양소를 효율적으로 이용할 수 있도록 해주는 매우 중요한 과정이다.

아래와 같은 방식으로 단백질이 영양소 운반에 기여한다.

1) 호르몬 운반 및 신호 전달

몇몇 단백질은 호르몬과 유사한 역할을 수행하여 세포 간의 신호 전달을 조절한다. 혈당 조절에 관여하는 인슐린 호르몬이 단백질 호르몬이라는 것이다.

2) 영양소 수송 단백질

단백질은 영양소를 수송하거나 운반하는 역할을 하는데, 헤모글로빈의 경우를 보면 호흡을 통해 폐로부터 흡수된 산소는 혈액속의 헤모글로빈에 부착되어 각 조직으로 운반된다. 이러한 기능을 하는 헤모글로빈 분자 내부에는 단백질이 포함되어 있다는 것이다.

또한 혈액속의 트랜스페린(transferrins)은 척추동물에서 발견되는 당단백질로 혈장에서 철(Fe)에 결합하여 철의 운반을 매개하고 철분 활용에 중요한 역할을 한다.

3) 비타민 및 미네랄 운반

일부 단백질은 비타민이나 미네랄을 운반하는 역할을 한다. 예를 들어, 비타민 D 결합 단백질(Vitamin D binding protein)은 비타민 D를 운반하며, 이는 칼슘 흡수와 뼈 건강을 조절하는 데 중요한 역할을 한다.

4) 지질 수송

단백질은 혈청 지질을 수송하거나 이동시키는 데에도 관여한다. 지질 수송 단백질은 지질을 혈액 내에서 수용하여 세포로 운반하거나 조직에서 지질을 저장하는 역할을 한다.

5) 항체의 수송

항체는 병원체나 다양한 항원을 인식하고 신호를 전달하는 역할을 한다. 이러한 항체는 혈액 내에서 자유롭게 움직이며, 병원체를 식별하고 포식작용을 통해 면역 시스템을 활성화 시킨다.

7. 에너지와 포도당의 급원

뇌, 신경조직, 적혈구는 포도당만 에너지 원으로 사용한다.

단백질은 주로 체내 조직의 구조와 기능을 유지하는 구조영양소 이지만, 지속적인 고강도 운동을 하는 경우나 탄수화물 공급이 적절하지 못 한 경우에는 에너지로 변환될 수 있다. 그러나 단백질을 에너지로 변환하는 과정은 일반적으로 탄수화물과 지방에 비해 비효율적이며, 극한의 상황이 아닌 평상시에는 에너지원으로서 주로 활용되지 않는다.

단백질이 에너지로 변환되는 과정은 우선 단백질이 아미노산으로 분해 (Protein Breakdown)되고 신생당합성(Gluconeogesis) 과정을 거쳐 분해된 아미노산 중 일부는 포도당(글루코스)으로 변환될 수 있다. 신생당합성 과정은 간에서 이루어 진다.

단백질의 소화와 흡수

1. 단백질의 소화
단백질은 위액, 췌장액, 소장액의 소화효소에 의해 분해되어 아미노산 형태로 소장에서 흡수된다.

2. 아미노산의 흡수와 운반
단백질 소화의 최종산물은 거의 대부분 소장 상부에서 흡수되는데, 흡수된 아미노산의 일부는 단백질 합성에 쓰이고, 나머지는 혈액을 따라 전신으로 보내진다. 단백질의 흡수율은 동물성 단백질은 97%, 식물성 단백질은 78~85%의 흡수율을 나타낸다.

대부분은 아미노산까지 분해되지만 일부는 펩티드형으로 주로 소장의 점막세포에서 흡수된다. 그러나 장점막에 이상이 있으면, 소량이긴 하지만 단백질 분자 그대로 흡수되는 경우가 있어 알레르기 항원(allergen)이 되기도 한다.

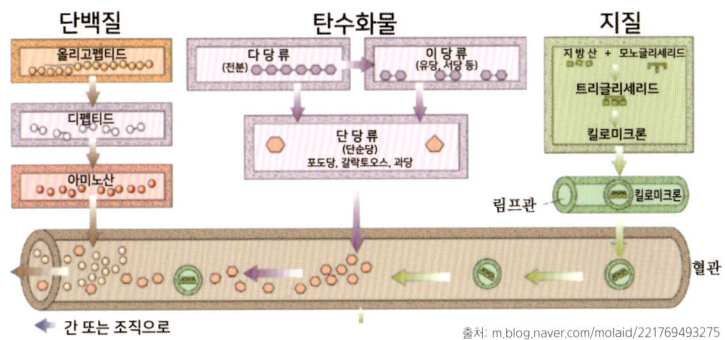

🏋 단백질 및 아미노산 대사

1. 단백질 전환

체내에서 세포는 끊임없이 그리고 자발적으로 단백질을 합성하고 분해한다. 체내에서 이러한 단백질의 꾸준한 재순환을 단백질 전환(protein turnover)이라 한다. 매일 식이로 섭취한 아미노산보다 더 많은 아미노산이 재순환된다.

70kg의 사람이 매일 300g의 단백질이 필요하다면 1/3은 식이단백질로 공급되며, 나머지 2/3는 체단백질의 분해로 공급된다.

식이 단백질은 비록 적은 양이 필요하지만 대단히 중요하다. 식이 단백질이 부족하면 체단백질을 분해해서 아미노산 풀을 채워야 하므로 필수조직의 분해를 초래할 수 있다. 따라서 충분한 단백질을 제공하기 위해서는 단백질을 섭취해야 한다. 하지만 필요량보다 많이 섭취하면 에너지로 사용되거나 지방으로 축적된다.

단백질 전환율은 간에서는 단백질 분해율이, 근육 등 다른 조직에서는 단백질 합성율이 중요한 조절요인으로 작용한다.
 스트레스를 받으면 단백질 전환율이 증가한다. 가벼운 스트레스의 경우엔 단백질 합성율이 감소하고, 심한 스트레스를 받으면 단백질 분해율이 증가한다.

2. 아미노산 풀(amino acid pool)

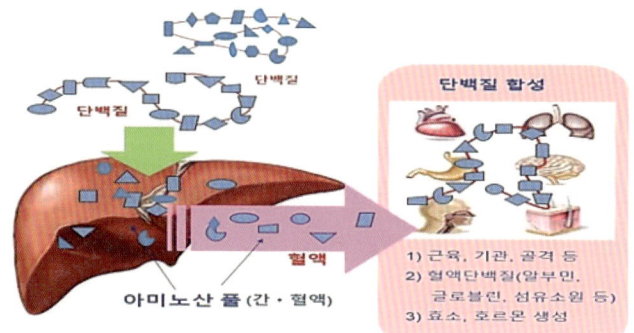

출처: Youtube 〈엑서사이언스, 운동생리학맛집, 정일규〉

단백질이 아미노산으로 분해, 흡수되면 혈액속으로 방출된다. 체조직과 혈액 속에서 발견되는 이용 가능한 아미노산의 총집합을 아미노산 풀이라고 한다.

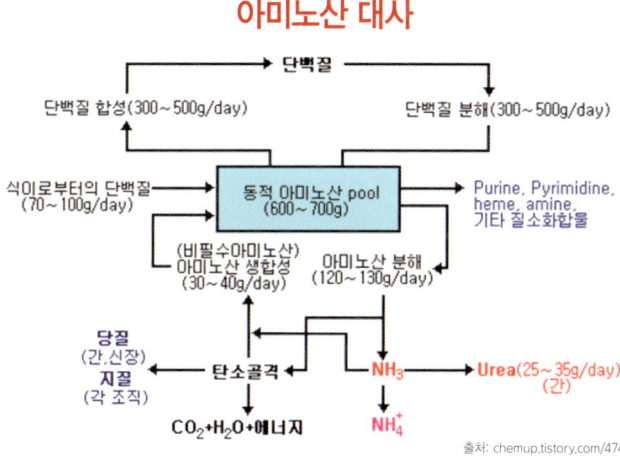

출처: chemup.tistory.com/474

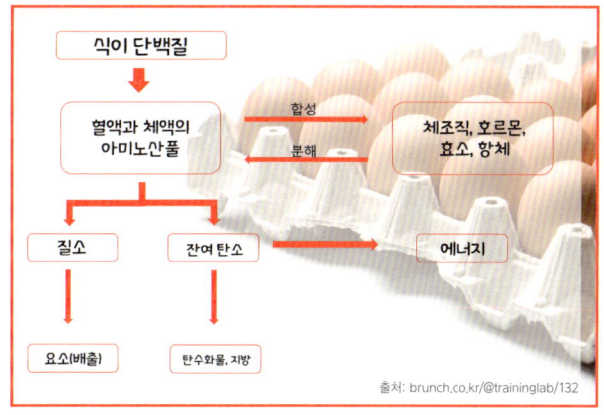

출처: brunch.co.kr/@traininglab/132

아미노산 풀은 식사로 섭취한 단백질이 소화 흡수된 아미노산, 체조직 단백질의 분해로 생성된 아미노산, 체내에서 합성된 아미노산 등으로 이뤄진다. 아미노산 풀은 회전률이 매우 빨라서 부족하면 식이단백질과 체단백질의 분해로 생성된 아미노산으로 채워지며, 필요에 따라 단백질 합성에 쓰이거나 아미노기를 제거한 후 에너지나 포도당 합성에 사용한다.

3. 탈아미노화 반응(Deamination)

체내의 아미노산에서 아미노기가 빠지는 반응을 말하는데, 떨어져 나온 아미노기는 질소산물인 암모니아로 변화하고 간에서 요소로 전환되어 신장으로 배설된다. 아미노산은 피루브산, 아세틸 CoA, TCA회로 중간물질 등의 분해경로로 들어가며 전자전달계를 통해 ATP를 생성한다.

4. 아미노산의 분해 대사

아미노산의 분해는 아미노산 구조에서 아미노기가 떨어져 나오는 것에서 시작한다. 산화적 탈아미노 반응과 아미노기 전이반응에 의해 이루어 진다. 떨어져 나온 아미노기는 암모늄 이온으로 존재하며 농도가 증가하면 독성효과를 나타내므로 간으로 이동하여 요소로 전환된 후 신장으로 배설된다.

5. 아미노산의 합성대사

대부분의 아미노산은 TCA회로나 탄수화물, 지질대사의 중간대사물을 통해 포도당과 지방산을 합성한다.

단백질의 합성

　단백질 합성을 위해서는 반드시 모든 종류의 아미노산이 충분량 조직에 공급되어야 한다. 필수아미노산이 한 개 라도 부족하면 단백질 합성은 진행되지 않는다. 다시 말해서 단백질 합성을 위해서는 필수 아미노산뿐만이 아니라 비필수 아미노산 모두 충분히 공급되어야 체내에 필요한 단백질의 합성이 가능하다.

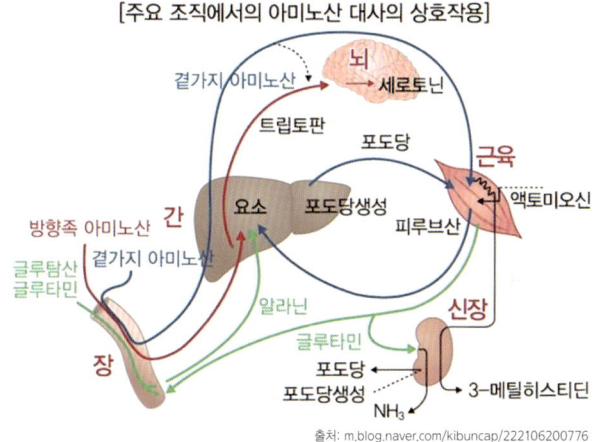

　단백질을 충분히 공급한다면, 단백질의 질은 중요하지 않으나, 식물성 식품이 주된 단백질 급원이라면 단백질의 질이 매우 중요하다.
　양질의 단백질은 모든 필수아미노산을 체내에 필요한 양을 충분히 제공할 뿐만이 아니라 다른 아미노산도 충분히 함유하고 있어 비필수 아미노산 합성에 필요한 질소를 제공하며 소화하기 쉬운 단백질을 말한다.

따라서, 양질의 단백질을 충분히 공급하기 위해서는 동물성 단백질 섭취를 하는 것이 식물성 단백질을 섭취하는 것보다 효율적이고 효과적이다. 그러나, 최근 지구 온난화를 걱정하는 비건주의자들은 탄소 감축을 위해 채식위주의 식단으로 가야한다고 주장하는 것도 현실이다.

단맛, 짠맛, 매운맛, 쓴맛, 신맛이 5가지 맛이지만, 지방맛은 6번째의 맛이라 한다. 그러나, 아이러니하게도 포화지방 비율이 높은 육류와 포화지방 함유가 높은 기름으로 튀긴 음식이 식감도 바삭하고 맛있다.

젤라틴

동물의 피부, 뼈, 인대(ligament)나 건(tendon) 등을 구성하는 콜라겐을 산이나 알칼리로 처리하여 얻어지는 유도 단백질의 일종이다. 단백질 분해효소인 프로테아제(protease)의 작용으로 분해 소화 흡수된다.

물이나 아세트산에 녹기도 하는데, 높은 온도의 물에서는 잘녹아 용액 형태로 되며, 낮은 온도에서 냉각하면 탄력이 있는 겔(Gel)로 된다. 젤라틴이 겔이 되는 온도는 제품에 따라 다르며 통상적으로 25도 이하인데, 일반적으로 냉장실에 넣어 보관하면 겔 형태 유지가 쉽게 된다.

단백질의 질 보완

식물성 단백질만으로 양질의 아미노산을 골고루 섭취하려면 다양한 종류의 식물성 단백질을 먹어야하고 소화흡수률에서도 동물성 단백질 보다 떨어지는 것을 고려해야 한다. 따라서 동물성 단백질은 소화흡수률도 좋으며 식물성 단백질보다는 양질의 아미노산으로 구성된 완전 단백질이므로 동물성 단백질을 섭취하는 것이 필요하다. 맛도 동물성 단백질이 더좋다. 그러나, 앞서 언급하였듯이 지구온난화를 걱정하는 채식주의자들에게는 반갑지 않은 내용이 될 수도 있겠다.

제한 아미노산

식품에 들어 있는 필수아미노산 중 인체에 요구되는 양에 비해서 가장 적게 들어 있는 필수 아미노산을 제한 아미노산이라고 한다. 쌀은 상당히 좋은 필수 아미노산 조성을 가지지만 라이신(제1제한 아미노산)과 트레오닌이 상대적으로 제일 부족하며, 동물성 단백질 가운에 젤라틴은 필수아미노산인 트립토판이 부족하여 이들이 각각 해당 식품의 제한 아미노산이 된다.

단백질 상호보완 효과

필수아미노산 조성이 다른 2개의 단백질을 함께 섭취하여 서로의 제한점을 보충하는 것을 단백질의 상호보완 효과라고 한다.
예를 들면 콩밥, 곡류와 콩, 콩과 견과류의 조합이라던지 쇠고기덮밥, 계란덮밥, 시리얼과 우유 등과 같이 소량의 동물성 식품의 첨가로도 식물성 단백질의 부족한 부분을 보완할 수 있다.

아무튼 다양한 단백질 급원으로 충분한 아미노산을 섭취해야 근육감소증도 예방하고 백세건강을 이룰 수 있다. 건강한 노후를 위해 근골격계 질환도 예방해야 하는데, 근육을 쉽게 얻을 수 없는 것이 문제이다. 운동과 영양은 과학이라는 것을 명심하시고 제대로 알아 가기를 바라는 마음이다.

단백질 과잉섭취

단백질을 과잉 섭취하는 경우 단백질을 열량원으로 이용하여 지질이나 탄수화물의 연소를 감소시킴으로써 체지방이 축적된다. 탄소골격은 열량원으로 이용하고 아미노기는 간에서 요소를 형성하여 소변으로 배설되므로 신장에 부담을 준다. 동물성 단백질에 풍부한 황 함유 아미노산의 대사로 산성 대사산물이 많아진다. 이를 중화시키기 위해서 뼈에서 칼슘을 용해하고 소변을 통해 신체 밖으로 칼슘을 배설시키기 때문에 칼슘을 충분히 섭취하지 않고 운동도 부족한 경우 골다공증이 발생할 위험이 높아진다.

동물성 단백질이 풍부한 식사는 포화지방과 콜레스테롤이 많이 함유되어 이들의 과잉섭취는 동맥경화증과 고혈압 및 심장병의 발병률을 높이며 췌장, 대장, 전립선 부위의 암 발생률도 높인다. 이외에 대사성 장애가 있는 사람의 경우에는 육류 섭취이후 생성된 요산이 배설되지 못하고 관절에 축적되면 통풍도 유발시킨다.

단백질을 적게 먹어도 문제, 많이 먹어도 문제가 될 수 있는데 어쩌란 말인지 도대체 알 수가 없다는 생각이 들 것이다. 그래서 운동

과 영양은 과학이라고 수없이 말해왔다. 필자가 이 책을 집필하는 이유도 영양학적 지식이 쌓이면 신념이 생길 것이고 신념이 생기면 실천하는 것 또한 어렵지 않게 될 것이다. 그래서 다소 어려운 부분이 있더라도 읽고 또 읽기를 권한다.

단백질 결핍증

단백질 결핍의 다른 증상으로는 머리카락이 얇아지고 손톱이 약해져 쉽게 부러지며 피부가 잘 갈라지는 등의 증상이 나타날 수 있으며 근골격이 약해져 관절 안정성이 저하되어 부상의 위험이 증가할 수 있다. 단백질 혹은 아미노산의 결핍은 면역 기능의 저하로 이어지고 감염병의 위험을 증가시키는 것으로 알려져 있다. 혈액내 알부민 저하증으로 전신부종도 생길 수 있다.

단백질의 섭취 기준

체내 단백질이 충분한지, 부족한지, 과한지를 평가하기 위해 질소평형을 사용할 수 있다. 질소평형은 질소의 섭취량과 배설량이 같은 상태를 말하며, 인체의 배설량만큼 식품 단백질을 섭취하는 것을 의미한다. 단백질은 탄소, 수소, 산소외에 질소를 포함하고 있으므로 간기능, 신장기능에 문제가 있다면 질소 배설이 원활하지 않아 질병이 생길 수도 있기 때문에 주의해야 하는 것이다. 아는 것이 힘이다. 알고 먹으면 된다.

▲ **양의 질소평형**: 질소 섭취량이 배설량보다 많은 경우를 말하는데, 성장기 아동, 임신부, 질병으로부터 회복기에 있는 환자의 경우

❖ **질소평형상태(nitrogen equilibrium)**
- 질소 섭취량 = 질소 배설량
- 체내의 질소 필요량만큼 맞게 섭취했음을 의미

❖ **양의 질소균형(positive nitrogen balance))**
- 질소 섭취량 > 질소 배설량
- 신체가 질소를 사용하여 체단백질을 합성함을 의미
- 영양실조, 질병, 상해 등으로 인한 체단백질 손실 상태로부터의 회복 시, 임신부, 성장기 어린이, 근육을 만들어야 하는 운동선수에게서 나타남

❖ **음의 질소균형(negative nitrogen balance))**
- 질소 섭취량 < 질소 배설량
- 신체가 체단백질을 분해함을 의미
- 에너지 섭취부족 시, 오랫동안 근육을 사용하지 않을 때, 발열, 감염, 상해, 스트레스가 심할 때 나타남

출처: www.slideserve.com/olisa/4

▲ **음의 질소평형**: 질소 배설량이 섭취량보다 많은 경우. 굶거나 극단적인 체중 감량식을 하거나 발열, 심각한 질병, 감염의 경우가 이에 해당한다.

1) 단백질의 필요량과 권장섭취량

우리나라 성인 단백질 평균필요량은 남녀 구분없이 0.73g/kg/day로 책정하였으며, 성인단백질 권장 섭취량은 평균 필요량에 1.25를 곱해 0.91g/kg/day로 책정했다. 적어도 끼니 마다 단백질 섭취를 위해 육류, 생선 구분없이 성인 손바닥 크기만큼 챙겨 먹어

야 된다.

2) 단백질 필요량이 증가하는 경우

성장기, 질병, 수술, 영양불량 상태의 경우에 필요량이 증가하며, 근육량이 많을수록, 에너지 공급이 부족하거나 질 낮은 단백질 섭취량이 많아도 필요량이 증가한다. 아래의 표는 활동량에 따른 단백질 섭취 필요량을 나타내고 있는데 발표자에 따라서 약간씩 차이는 있으니 참고만 하시라.

활동도 (운동 종류)	체중(kg)당 단백질 섭취 필요량
사무직(보통 활동)	0.8g
근력 훈련자 (근량 유지/지구력 훈련)	1.2~1.4g
근력 훈련자(근량 증대)	1.6~1.7g
간헐성, 고강도 훈련자	1.4~1.7g
체중 제한자	1.4~1.8g

출처: 〈건강, 체력, 스포츠를 위한 운동 영양학〉

3) 단백질 함유식품

단백질은 식물성 식품과 동물성 식품에 골고루 들어 있지만, 곡류나 채소류에 비해 주로 어육류, 유제품, 콩류에 단백질 함량이 많다.

4) 질소계수

식품중의 질소는 주로 단백질에 존재하며 그 양은 평균 16%로 단백질 100g중 질소가 16g 함유되어 있음을 의미한다.

단백질 양/질소 양 = 100/16 = 6.25 단백질 양 = 질소 양 × 6.25

따라서 질소 함량을 정량한 후 여기에 6.25를 곱하면 단백질 양을 알 수 있다. 이때 곱해주는 6.25를 질소 계수라 한다.

단백질 대사(protein metabolism)

단백질 대사 또는 아미노산 대사(amino acid metabolism)는 단백질과 아미노산의 합성 및 이화의 다양한 생화학적 대사 과정을 보여준다.

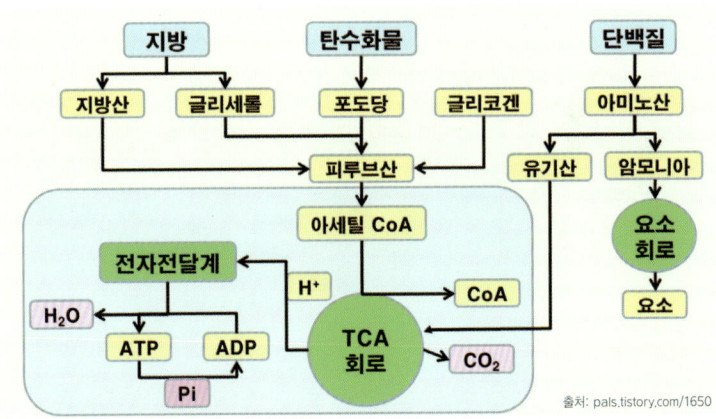

출처: pals.tistory.com/1650

단백질 소화

입에서는 섭취한 단백질을 잘게 씹는 기계적 소화가 이루어지며 위에서는 위벽 내에 존재하는 주 세포(chief cell)에 의하여 분비된 펩시노겐이 위산에 의하여 펩신으로 활성화되면 비로소 단백질에 대한 화학적 소화가 시작된다. 펩신은 단백질을 펩톤이라는 큰 폴리펩타이드로 가수분해시킨다.

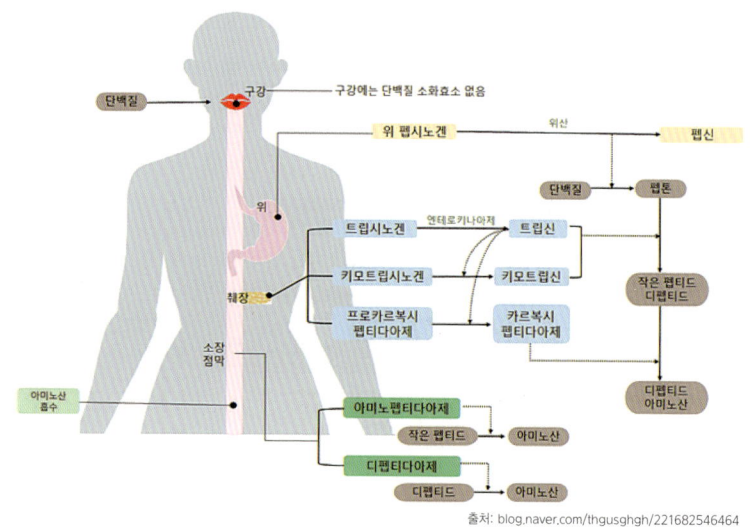

출처: blog.naver.com/thgusghgh/221682546464

운동과 단백질 소모 관계

운동과 단백질 소모는 밀접한 관계가 있다. 운동은 근육을 구성하는 단백질을 분해하고, 그 과정에서 다양한 아미노산으로 분해되어 일부는 에너지로 소모되며 나머지는 혈액을 따라 아미노산 풀에 저장되어 다시 단백질 합성에 관여하게 된다. 이러한 과정을 반복함으로써 단백질은 근육 성장과 회복을 위한 중요한 영양소가 되며, 또한 운동 후 단백질을 섭취하면 아미노산으로 분해 흡수되어 혈액을 통해 다시 아미노산 풀에 저장되어 근육을 구성하는 단백질을 재생하고 유지하는 역할을 하게 된다.

운동 종류에 따라서도 단백질 소모의 정도가 다르다. 저강도 운동이나 유산소 운동의 경우에는 단백질 소모가 적지만, 고강도 운동이나 근육을 많이 사용하는 저항성 운동의 경우에는 특히 단백질 소모가 많아져 단백질의 섭취량도 늘려야 한다.

유산소 운동이라도 풀코스 마라톤이나 울트라 마라톤을 하는 경우에는 엄청난 에너지 소모가 일어나기 때문에 운동 중 탄수화물을 제때 섭취하지 않으면 근육 손실이 동반될 수 있으므로 주의를 요한다. 우리가 운동을 하면서 단백질의 여러 가지 인체내 기능을 고려할 때 단백질 손실될 때까지 운동하는 것은 좋은 운동 습관이 아니다. 명심하시라.

따라서, 운동을 하는 사람들은 운동 강도에 따라서 근육 회복과 성장에 필요한 적절한 양의 단백질 섭취가 반드시 필요하다. 일반적으로 하루에 1.2 ~ 1.6g/kg의 단백질을 섭취하는 것이 권장되며, 운동 후 30분 내외에 단백질 보충을 하는 것이 더 바람직하다.

그렇다고 30분 지나면 단백질을 보충해도 소용없다는 의미는 아니다.

 우유

필자가 왜 우유라는 꼭지를 달아서 특별히 설명을 하느냐 하면 단백질 보충제 중에 유청단백질(Whey protein)에 대해 설명을 하려 한다.

근력 운동을 많이 하는 사람은 특히 단백질 섭취량이 증가하게 되는데 많게는 2.2g/kg 이상 섭취하라고 권고한다. 이때는 간기능과 신장기능을 체크하고 개인마다 차이가 있으니 더 많은 양을 섭취하려는 경우는 주의를 요한다.

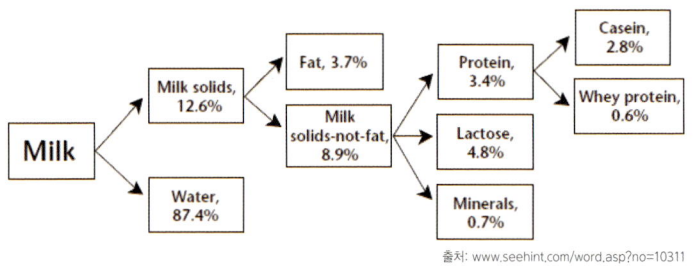

출처: www.seehint.com/word.asp?no=10311

유청단백질은 위의 그림을 참조한다면, 전체 우유중에 0.6% 들어 있는 단백질이다. 우유중에 수분을 제외하면 12.6%가 우유의 고형성분인데, 단백질 중에 카제인까지 제외하고 남는 단백질로 만든 단백질 보충제가 유청단백질이다 보니 우유의 찌꺼기 정도로 생각하고 먹어도 괜찮은지 의문을 가지는 경우가 많아서 사족을 달아 드리는 것인데 가성비 대비 단백질 급원으로써 아주 좋으니 드셔도 좋다는 의견이다. 물론, 비용을 많이 들이면, 더 좋은 단백질 급원도 많지만, 필자의 경우에는 운동 후 30분 내에 물에 녹여서 마시는 편이다.

케톤체 생성성 아미노산(ketogenic amino acid)

케톤체의 전구물질인 아세틸-CoA로 직접적으로 분해될 수 있는 아미노산이다. 케톤체 생성성 아미노산은 포도당으로 전환될 수 있는 포도당 생성성 아미노산과는 대조적이다.

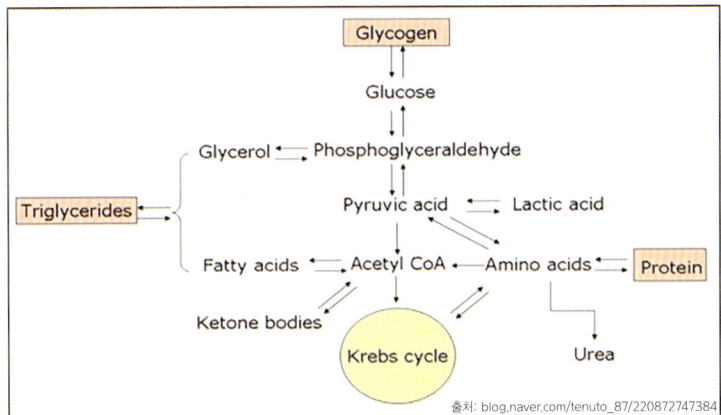

출처: blog.naver.com/tenuto_87/220872747384

케톤체 생성성 아미노산은 케톤체 내의 탄소 원자가 모두 궁극적으로 시트르산 회로에서 이산화 탄소로 분해되기 때문에 포도당으로 전환될 수 없다. 류신, 리신 이 두가지 아미노산들은 전적으로 케톤체 생성성 아미노산이다. 모든 방향족 아미노산들을 포함한 다섯 가지 아미노산들(페닐알라닌, 아이소류신, 트레오닌, 트립토판, 티로신)은 케톤체 생성성 아미노산이면서 포도당 생성성 아미노산이다. 나머지 13가지 아미노산들은 전적으로 포도당 생성성 아미노산이다.

포도당(글루코스)생성성 아미노산(glucogenic amino acid)

포도당(글루코스) 생성성 아미노산은 포도당 신생합성을 통해 포도당으로 전환될 수 있는 아미노산이다. 포도당 생성성 아미노산은 케톤체로 전환될 수 있는 케톤체 생성성 아미노산과는 대조적이다.

포도당 생성성 아미노산으로부터 포도당을 생성하는 과정은 포도당 생성성 아미노산이 α-케토산으로 전환된 다음 포도당으로 전환되는 과정을 포함하며, 두 과정 모두 간에서 일어난다. 이러한 메커니즘은 기아 상태에 있는 사람의 생존에 있어 특히 중요하다.

방향족 화합물(aromatic amino acid, AAA)

방향족 아미노산은 방향족 고리를 가지고 있는 아미노산이다. 20가지의 표준 아미노산들 중 페닐알라닌, 트립토판, 티로신이 방향족 아미노산으로 분류된다. 하지만 티로신은 방향족 아미노산으로 분류될 수도 있고, 극성 아미노산으로도 분류될 수 있다. 또한 히스티딘은 방향족 고리를 포함하고 있지만, 그 기본적인 특성으로 인해 주로 극성 아미노산으로 분류된다. 그러나 히스티딘 자체는 방향족 화합물이다.

방향족이라는 이름은 향기를 내는 물질이라는 뜻에서 비롯되었는데, 최근에는 벤젠 고리를 포함하는 화합물 그리고 그들과 비슷한 성질을 지닌 물질들을 총칭하는 단어이다. 이러한 방향족 화합물들에게 공통적으로 나타나는 특별한 안정성을 바로 방향족성(Aromaticity)이라고 한다.

지방족 화합물(脂肪族化合物, aliphatic compound)

벤젠과 같은 안정한 고리구조를 가진 화합물만을 방향족화합물로 구분하고 벤젠고리가 없거나 그외의 탄화수소들은 지방족화합물에 속한다.

지방족(aliphatic)이라는 용어는 지방(fat)이나 기름(oil)을 의미하는 그리스어 "aleiphar"에서 유래하였다. 유기화학에서 탄화수소(탄소와 수소로만 구성된 화합물)는 방향족 화합물과 지방족 화합물의 두 가지 부류로 나누어진다.

🏋 케톤체(Ketone bodies)

케톤체는 지방 대사의 부산물로서 아세톤(acetone), 아세토아세트산(acetoacetate) 및 D-β-하이드록시부티르산(D-β-hydroxybutyrate) 등 3가지로 구성된다.

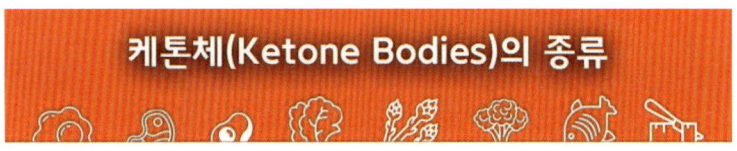

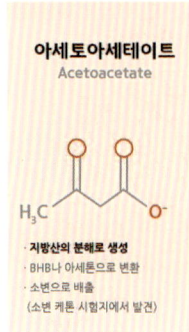
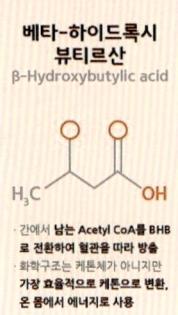
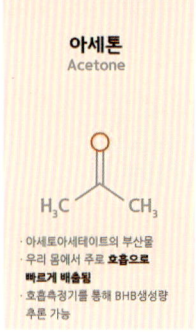

출처: www.google.co.kr

케톤은 우리 몸이 에너지원으로 당(포도당)을 사용할 수 없을 때 생기는데, 지방산이 대사되어 혈액에 케톤이 많아지면 처음엔 케톤증이 유발되고 이어 대사성 산증의 한 형태인 케톤산증으로 진행하게 된다.

사람의 경우에 간에서 지방산이 산화되는 과정을 통하여 만들어진 아세틸-CoA는 시트르산 회로로 들어가거나, 또는 케톤체 등으로 전환되어 다른 조직으로 운반된다.

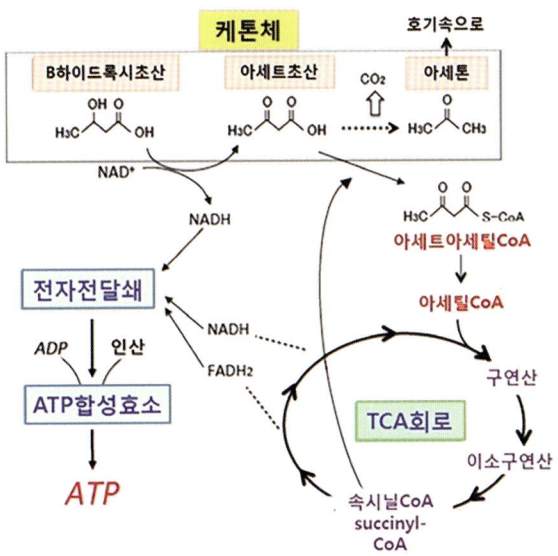

출처: blog.naver.com/ranman/220362635356

케톤체는 혈액과 소변에 잘 녹는다.

굶주림과 치료를 받지 않은 당뇨병 환자의 경우에는 케톤체의 과잉 생산을 초래하고, 이것은 여러 가지 의학적인 문제를 동반한다. 굶주림 상태에서 포도당 신생성이 시트르산(TCA, Kreb's) 회로의 중간체를 고갈시켜서, 아세틸-CoA를 케톤체 생성이 일어나는 쪽으로 돌리게 된다. 치료를 받지 않은 당뇨병 환자에서는 인슐린 양이 충분하지 않아 섭취된 탄수화물을 소화, 흡수, 대사시켜 글리코겐으로 간과 근육에 저장시키지 못하고 소변으로 포도당이 배출되어 버린다.

때문에, 당신생 합성과정에 지방산이 동원되면서 케톤체가 과잉 생성되어 여러 의학적인 문제를 야기할 수 있으므로, 다이어트를 하는 경우에는 의학적으로 매우 심각한 문제가 생길 수 있으니 주의를 요하며 반드시 전문가의 도움을 받기 바란다.

요소(urea)

화학식은 $CO(NH_2)_2$ 이며 요소는 모든 포유동물과 일부 어류의 단백질대사 최종 분해산물로, 포유동물의 소변뿐만 아니라 혈액·담즙·젖·땀에도 포함되어 있다. 단백질 분해과정중 아미노기(NH_2)는 단백질 구성물질인 아미노산으로부터 떨어져 나와 암모니아(NH_3)로 전환되는데 이것은 생체에 유독하므로 간에서 요소로 전환된 후 신장을 거쳐 소변으로 배설된다.

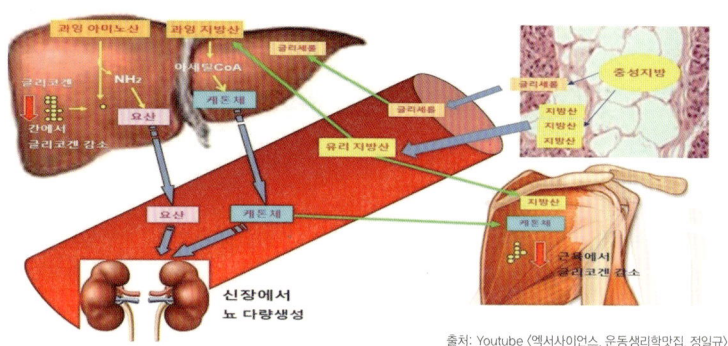

출처: Youtube 〈엑서사이언스, 운동생리학맛집, 정일규〉

요소는 현재 상업적으로 암모니아 액체와 이산화탄소 액체로부터 대량 생산된다. 요소는 질소 함량이 높고 땅에서 쉽게 암모니아로 전환되므로, 고농축 질소비료로 이용된다. 값싼 화합물이므로 단독 또는 혼합비료로 땅이나 잎에 분무한다. 요소의 질소는 단백질 형태가 아니지만 반추동물(소와 양) 등에 의해 이용되며 이 동물들의 중요한 단백질원이 된다.

요소회로(오르니틴회로/크렙스-헨셀라이트 요소 회로)

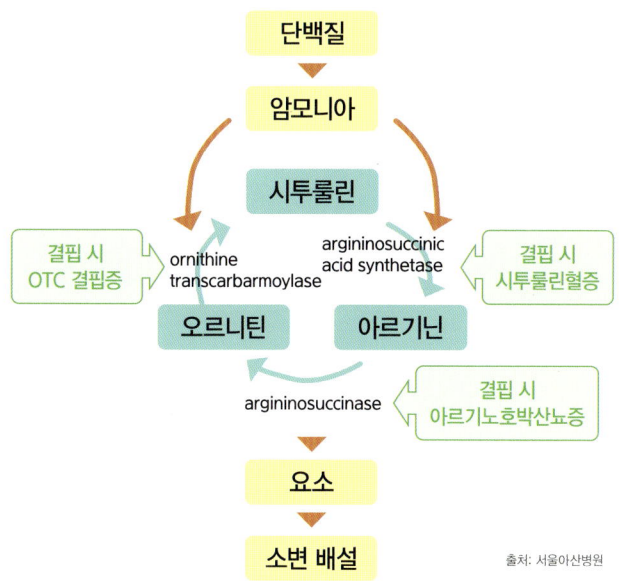

출처: 서울아산병원

요소 회로(urea cycle)는 질소 대사의 중심 경로이며 오르니틴 회로(Ornithine cycle), 크렙스-헨셀라이트 요소 회로(Krebs-Henseleit urea cycle)로 불리기도 한다.

생체 내에서 암모니아를 요소로 전환시키는 과정. 아미노산에서 유리된 암모니아를 해독하는 인체내 대사경로에 의해 간에서 무독성 요소로 전환된다.

🏋 코리회로(Cori cycle)

코리 회로(Cori cycle)는 근육에서 혐기성 해당과정에 의해 생성된 젖산(lactic acid, $C_3H_6O_3$)이 간으로 운반되어 포도당으로 전환된 다음 근육으로 되돌아가 다시 젖산으로 대사되는 순환적인 대사 경로이다.

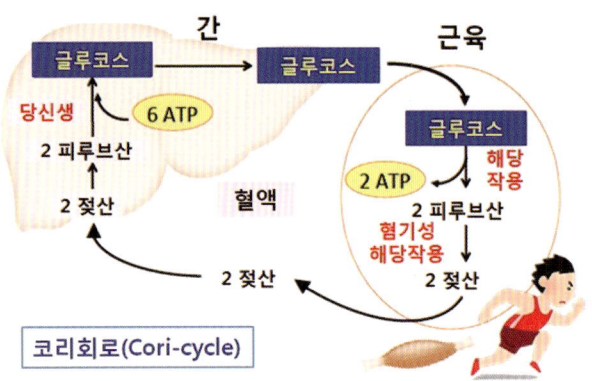

출처: m.blog.naver.com/ranman/220836403396

젖산(lactic acid, $C_3H_6O_3$)

젖산(Lactic acid)은 유기산 중 하나로서, 화학식으로는 $C_3H_6O_3$ 이다. 이것은 일반적으로 우유와 유제품에서 발견되며, 또한 운동 중 근육이 글리코겐을 사용하여 분해되면서 생기거나 미생물이 젖당이나 포도당 등의 발효로 생긴다. 김치, 요구르트가 대표적인 젖산 함유 식품이며 상쾌한 신맛을 낸다. 이러한 발효과정은 우유를 요구르트나 치즈 같은 유제품으로 변환하는 과정에서 중요하게 사용된다.

예전에는 젖산이 운동 후 지연성 근육통의 원인이라 널리 알려졌으나, 오히려 코리회로를 통하여 근육에서 생성된 젖산은 다시 간으로 들어가서 피루브산으로 전환되고 다시 포도당이 생성되어 근육의 활동을 증진시키는 인자이고, 이로 인해 증가된 칼륨이나 칼슘의 농도에 의해서 지연성 근육통이 유발된다고 밝혀졌다.

알라닌 회로(alanine cycle)

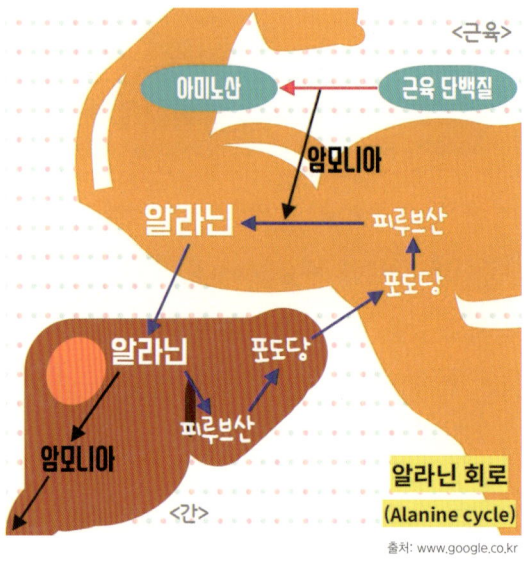

포도당-알라닌 회로(glucose-alanine cycle) 또는 줄여서 알라닌 회로는 근육조직에서 흔한 단백질을 포도당으로 전환해서 ATP 에너지를 추가적으로 확보할 수 있는 대사경로(metabolic pathway)이다. 논문에서는 카힐회로(Cahill cycle)라고 언급하기도 한다.

비타민

비타민은 열량은 없으나, 인체 대사과정에 관여하는 조절영양소이며 생명을 유지하는데 반드시 필요한 6대 영양소로 작용한다. 현재까지 수용성 비타민 9개, 지용성 비타민 4개 총 13가지의 비타민이 음식으로부터 하루 최소 요구량 이상으로 섭취되어야 한다. 그렇지 않으면 결핍된 비타민의 종류에 따라서 임상적으로 다양한 질환들이 생길 수 있다.

비타민 분류

1. 수용성 비타민

비타민 B군과 비타민 C인데, 물에 녹고 C, H, O, N 외에도 S, Co도 함유하고 필요량을 매일 섭취해야 한다. 수용성 비타민은 결핍 증세가 급격히 나타나며 혈관을 통해서 흡수되며, 필요량 이상은 소변으로 배설되어 체내 축적되지 않는다. 따라서 건강증진을 위해서 매일 필요량을 섭취하는 것이 중요하다.

2. 지용성 비타민

비타민 A, D, E, K로서 기름에 녹는다. C, H, O로 구성되며 필요량을 매일 섭취하지 않아도 된다. 지용성 비타민과 지방은 미셀에 의해 소장의 미세융모로 흡수되며, 킬로마이크론에 포함되어 림프관으로 흡수되고 혈액을 통해 간으로 이동되거나 혈관을 통해 다른 조직으로 보내진다. 간과 지방조직에 축적되어 있기 때문에 결핍 증세는 수용성 비타민 결핍 증상과 달리 서서히 나타난다.

반대로 지용성 비타민은 체내 축적되기 때문에 필요 이상으로 섭취하여 체내 축적량이 증가하면 이 때문에 오히려 질병이 생길 수 있는 비타민이기 때문에 필요 이상으로 섭취하면 건강에 해롭다.

지용성과 수용성 비타민의 일반적 성질

지용성 비타민	수용성 비타민
1. 기름과 유지용매에 녹는다.	1. 물에 용해된다.
2. 1일의 섭취량이 필요량 이상일 때는 체내에 저장된다.	2. 필요량만 보유한다.
3. 배설되지 않는다.	3. 여분은 요로 배설된다.
4. 결핍증세가 서서히 나타남	4. 결핍증세가 신속히 나타남
5. 매일 식사에 절대적으로 공급할 필요는 없다.	5. 매일 식사에서 공급
6. 비타민의 전구체가 있다.	6. 일반적으로 전구체가 없다.
7. 구성원소는 탄소, 수소, 산소.	7. 구성원소는 탄소, 수소, 산소, 질소, 어떤 것은 코발트, 유황을 함유.

출처: www.google.co.kr

비타민의 종류

지용성 비타민	결핍시 증상	섭취음식	수용성 비타민	결핍시 증상	섭취음식
A	야맹증, 성장장애, 피부건조증	토마토, 당근, 호박	B1	각기병, 피로, 권태	돼지고기, 연어, 곡류
D	구루병, 골연화증, 근육약화	우유, 연어, 표고버섯	B2	혀가 붓는 증상, 인후염	육류, 생선
E	신경장애, 심장부정맥	견과류, 콩, 계란노른자	B3	체중감소, 초조감, 만성두통	돼지고기, 생선, 곡류
K	혈액응고 지연, 잦은 멍, 혈뇨	채소, 브로콜리, 키위	B5	성장정지, 피로, 우울증, 불면증	브로콜리, 견과류
			B6	피부병, 두드러기, 빈혈	바나나, 생선, 시금치
			B7	탈모, 피부염, 구내염, 손톱갈라짐	견과류, 우유, 계란
			B9	빈혈, 설사, 위장염	푸른채소, 콩, 곡류
			B12	악성빈혈, 체중감소, 숨가쁨	돼지고기, 우유, 계란
			C	괴혈병, 체중감소, 만성피로	귤, 토마토, 키위

출처: iotchem2017.tistory.com/139

3. 비타민 B$_{12}$

비타민 B$_{12}$는 인체에서 필수적인 비타민 중 하나로, 빨간 고기, 생선, 난류(계란, 오리알 등등), 유제품 등 동물성 식품에 풍부하게 함유되어 있다. 이 외에도, 일부 유산균 발효 식품에서도 적은 양의 비타민 B$_{12}$가 들어있다. 따라서 채식주의자들은 보조제등을 통하여 별도로 섭취해야 한다. 비타민 B$_{12}$는 혈구 생성에 중요한 역할을 하며, 신경계 및 뇌 기능을 유지하는 데 필수적이다. 또한, DNA 합성과 관련된 효소의 활성화에도 중요한 역할을 한다.

비타민 B$_{12}$ 결핍은 중대한 건강 문제를 초래할 수 있는데, 장기간에 걸쳐 결핍이 지속되면 적혈구 생성에 장애를 일으켜 비타민 B_{12} 결핍 악성 빈혈이 발생된다. 신경계 장애로는 신경 손상, 인지 능력 저하, 기억력 저하, 우울증 등이 발생할 수 있다.

무기질

 **무기질의 분류**

인체의 96%는 탄소, 수소, 산소, 질소로 구성되어 있으며, 나머지 4% 정도의 무기질로 구성되어져 있다.

무기질의 분류

다량 무기질(macromineral) :
- 하루 권장섭취량이 100mg 이상인 무기질
- 칼슘(Ca), 인(P), 나트륨(Na), 염소(Cl), 칼륨(K), 마그네슘(Mg), 황(S)

미량 무기질(micromineral)
- 하루 권장 섭취량이 100mg 이하인 무기질
- 철(Fe), 요오드(I), 망간(Mn), 구리(Cu), 아연(Zn), 코발트(Co), 불소(F), 셀레니움(Se) 등

출처: www.google.co.kr

무기질은 에너지가 포함되어져 있지 않는 무기성분이며, 거의 모

든 인체 부위에 존재하며, 하루 100mg 이상 필요한 것은 다량무기질, 100mg 이하 필요한 무기질은 미량무기질이라 분류한다.

🛎 다량무기질

대량무기질

칼슘(Ca)	우유	치즈	두부	브로콜리
인(P)	소고기	닭고기	돼지고기	생선
나트륨(Na)	간장	된장	김치	MSG
칼륨(K)	미역	감자	토마토	커피
마그네슘(Mg)	우유	콩	견과류	시금치
황(S)	양배추	마늘	양파	브로콜리

출처: yujuring.tistory.com/4

대량무기질 (하루 섭취량이 100mg 이상인 무기질)

	주요기능	결핍	과잉
칼슘(Ca)	골격·치아 형성, 혈액 응고, 근육의 수축과 이완 작용	저칼슘혈증(손·발·얼굴의 근육 수축 또는 경련), 구루병, 골다공증, 골연화증	변비, 신장 결석
인(P)	DNA와 RNA의 구성 성분, 영양소의 흡수와 운송, 산과 염기의 균형 조절	어린이는 성장에 영향, 성인은 골다공증, 근육약화, 식욕 부진	부갑상선 호르몬의 수치 증가로 뼈·심혈관계 질환 발병
나트륨(Na)	산과 염기의 평형 유지, 근육·신경 자극 반응, 포도당·아미노산 흡수에 필수적인 역할	두통, 구역, 구토, 근육 경련, 실신	고혈압·위궤양·신장질환과 심혈관계 질환 발병
칼륨(K)	체액의 삼투압과 수분의 평형 조절, 산과 염기의 균형 조절, 근육 섬유의 수축 조절	근육경련, 식욕저하, 불규칙한 심장박동, 무기력	당뇨나 부정맥 등의 증상이 있는 사람에겐 배탈·위장장애, 천공 등의 증상 발생
마그네슘(Mg)	다양한 효소의 활성제, 신경 자극의 전달 작용, 근육의 긴장과 이완 작용	눈밑 경련, 근육 뭉침, 불안감, 무기력증	신장 질환이 있는 사람에겐 구토·환각 증상 발생
황(S)	케라틴 단백질 성분, 해독 작용	피부염·각기병·신경염·손톱과 발톱 연화증	소화불량, 골다공증

출처: 조선일보

물

물은 인체의 60~70%를 차지하는 구성성분인데 세포내액과 세포외액으로 분류되고 세포내액은 총 체액량의 약 65% 정도를 차지하며, 간질액, 혈관내액인 세포외액이 약 35%를 차지한다. 영양소를 용해시키고, 영양이 필요한 세포로 영양소를 공급해주고, 불필요한 노폐물은 체외로 배출시키며, 체액의 산염기 평형을 유지시키며, 전해질과 함께 수분조절 역할을 하며 항상성 유지를 위한 체온조절의 역할을 하는 등으로 생명유지 필수작용을 하게 된다.

🏋 하루에 필요한 물의 양

우리 몸은 신체활동 수준, 기후, 체중, 성별에 따라 필요한 양이 다르다. 구체적으로 19~30세 남성은 매일 약 3.7ℓ의 물이, 같은 나이의 여성은 약 2.7ℓ가 필요하다. 그렇지만, 나이가 들수록 체수분은 감소하게 되는데, 체액의 물 순환율을 바탕으로 하루 물 섭취 권장량을 1.5~1.8리터로 평균적으로 권고한다.

또한, 세계보건기구(World Health organization, WHO)에서도 하루 1.5~2ℓ의 물을 마시도록 적극 권장하고 있는데, 대체로 2ℓ를 기준으로 해서 운동강도와 운동시간 즉, 총 운동량을 감안해야 하고, 계절별로 기온의 높낮이에 따라서 몸에서 빠져나가는 수분의 양을 보정해 주어야 한다.

필자의 경우는 고강도 웨이트 트레이닝 1시간, 중고강도 조깅 1시간 정도 운동하게 되면 평균적으로 약 1리터의 물을 마신다.
실제 겨울철을 제외하고 대부분 중고강도 이상으로 장거리 달리기를 하는 경우에는 뛰면서 충분한 수분을 섭취하지 못하는 경향이 있어서 2시간 정도 달린후 체중이 약 2.5kg 정도 감량되는 것을 보면 개인차가 있는 것은 틀림없는 것 같다.

🏋 물을 과다하게 섭취할 경우?

물 과다 섭취로 인한 저나트륨 혈증이 발생할 수 있기 때문에 주의해야 한다. 증상으로는 두통, 호흡곤란, 현기증, 구토, 근육경련 등이 흔하다. 건강한 사람의 경우는 드물지만 저나트륨 혈증이 심한 경우에는 호흡곤란, 폐부종, 뇌부종이 발생할 수 있다.

🏋 수분이 부족하면?

인체의 60~70%가 수분이라고 하는데, 특히 뇌 조직은 70~80%가 수분으로 구성되어 있기 때문에 수분이 부족하면 뇌에 충분한 혈액과 산소 공급이 줄어든다. 체내 수분이 1.5%만 부족해도 탈수 증상이 나타나는데, 집중력과 기억력이 저하되고 두통이 유발된다. 탈수의 주된 증상 중 하나가 졸음이다.

탈수가 되면 단순히 갈증만을 동반하는 것이 아니고, 구취나 졸림 등을 유발하는데, 이런 증상이 자주 반복되면 만성 탈수를 의심해 볼 수도 있다. 탈수 정도가 심하면 인체는 정상적인 기능을 하지 못한다.

현대인은 커피, 음료 등을 많이 마시며 상대적으로 물 섭취량이 적다. 의식적으로 물을 자주 마시지 않으면, 만성 탈수를 겪고 있을 가능성이 있다. 깨끗하고 신선한 물은 '만병통치약'이라 불릴 만큼 중요하다. 잦은 소변이 귀찮아 나이가 많아 질수록 물마시는 것을 꺼려하는 경향이 있는데, 하루 필요량의 물 마시는 습관을 들이면 건강유지와 건강증진에도 많은 도움을 얻을 수 있다. 물은 노폐물을 제거하는 디톡스 역할로써 매우 중요하다는 것이다.

1) 구취

물을 충분히 마시지 않으면 '구취'가 난다. 수분이 부족해지면서 침도 부족해지기 때문이다. 침은 항균 작용을 하는데, 침 분비가 줄고 입이 마르면 구강 내 박테리아가 급증하게 된다. 그 결과 구취가 심해지는 것이다. 잠을 자고 아침에 일어났을 때 입에서 냄새가 나는 것도 밤새 물은 마시지 않아 박테리아가 급증한 것이 원인이다. 평소에 입이 자주 말라 구취가 나는 사람이라면, 물을 자주 마시는 습관을 갖는 것이 좋다.

2) 두통

두통 역시 대표적인 수분 부족 증상 중 하나다. 수분이 부족하면, 뇌에 충분한 혈액과 산소 공급이 줄어든다. 뇌 조직의 70~80%가 수분으로 구성돼 있기 때문이다. 체내 수분이 1.5%만 부족해도 집중력과 기억력이 저하되고 두통이 유발된다.

3) 졸림과 피로

탈수의 주된 증상 중 하나가 졸음이다. 잠을 푹 잤음에도 계속

졸리다면 탈수의 증상일 수도 있다. 특히 평상시에 물을 거의 먹지 않아 만성 탈수를 겪고 있는 사람이라면 가능성은 더 크다. 이런 상황에서는 머리를 쓰는 일과 신체 활동도 어려워진다. 근육에 수분이 부족하면 근육이 제 기능을 다하지 못한다. 이럴 때는 카페인 음료보다는 먼저 물을 한 잔 마시는 것이 나을 수 있다. 아침에 일어나 깨끗한 생수 한잔 마시는 습관을 갖는다면 좋겠다.

4) 근육경련

수분이 부족해지면 혈액이 끈적이면서, 혈액이 원활하게 흐르지 못하게 된다. 우리 몸은 피가 제대로 흐르지 못하게 되면 상대적으로 덜 중요하다고 여겨지는 신체부위부터 혈액공급을 중단한다. 그 대표적 부위가 '근육'이다. 수분 섭취가 부족하면 근육부터 혈액공급이 중단되면서, 경련이 일어날 수 있다.

운동선수들이 경기 중 땀을 많이 흘려 근육 경련을 겪는 것도 같

은 이유이다. 필자의 경우도 마라톤 대회를 참가하다 보면, 대회코스 중간 중간 음수대가 있어서 수분을 섭취하지만, 대회중 손실되는 수분을 대부분의 마라톤 대회 참가자들이 충분히 섭취할 수가 없다. 특히 42.195km를 달려온 풀코스 참가자들의 경우에는 피니쉬 라인을 통과한 후 근육 경련으로 고생하는 마라토너들을 어렵지 않게 보게 된다.

5) 배고픔

수분이 부족하면 허기를 느끼게 되는 경향이 있다. 특히 탄수화물을 찾게 되는데, 이는 수분 부족으로 인한 '갈증'을 '배고픔'으로 착각하기 때문이다. 특히 운동하는 과정에서 이런 경우가 자주 발생한다. 운동 직후 갑자기 배가 고플 때는, 우선 물을 한 잔 마셔보자.

식이섬유(dietary fiber)

주로 식물의 세포벽에 존재하면서 식물의 형태를 유지하는 식이섬유는 사람의 소화효소로는 소화되지 않는다. 불용성 식이섬유와 수용성 식이섬유로 분류되는데, 셀룰로오스, 헤미셀룰로오스와 리그닌 등이다. 각각 당근과 귀리는 물에 담궈두면 당근은 그대로이지만, 귀리는 부드러운 풀처럼 변한다.

탄수화물의 일종이며 Dietary fiber를 직역해서 식이섬유나 식이섬유소라고 부른다. 채소, 과일, 곡물, 해조류, 버섯, 견과류에 많이 포함되어 있으며, 심지어는 식용이 아니지만 종이에도 다량 포함되어 있다. 우리 몸에는 셀룰로오스를 분해하는 효소가 없기 때문에 이를 소화 및 흡수할 수는 없지만, 소와 같은 초식동물은 셀룰로오스 분해 효소가 있기 때문에 이를 포도당으로 분해해서 흡수할 수 있다. 초식동물의 입장에서는 풀이 훌륭한 탄수화물 섭취원이다.

우리는 시판되는 섬유질의 기능을 변비 해결에 도움을 준다는 정도로만 아는 이들이 많다. 식약처에서 인정하는 기능성은 정장 작용(배변 관련), 혈당치 상승 억제, 혈중 중성지질 저하 기능이 있다. 물론 모든 식이섬유에 다 위의 3가지 기능성이 있다는 것은 아니다. 기능성 관련 섭취량도 식이섬유 종류별로 다르다. 그 외 장내 유익균의 먹이가 되어 장 환경을 개선하며, 포만감을 느끼게 해서 다이어트에도 꽤 도움이 되니, 꾸준히 적정량을 섭취하면 아무튼 건강에 좋은 것은 사실이다.

식이섬유의 체내기능

식이섬유는 불용성 식이섬유와 수용성 식이섬유의 두 종류가 있으며, 이들은 생리적 기능이 다르다. 일반적으로 식품에는 수용성과 불용성 식이섬유가 모두 포함되어 있다.

1) 불용성 식이섬유

셀룰로오스, 헤미셀룰로오스, 리그닌, 키틴, 키토산 등이 있다.

물과 친화력이 적어 겔 형성이 어렵다. 긴 사슬의 셀룰로오스는 서로 겹쳐져 매우 강한 망상구조를 만든다. 셀룰로오스, 헤미셀룰로오스, 리그닌은 장내 박테리아에 의해서도 분해되지 않아 소화되지 않고 그대로 남아서 배변량을 증가시키고 배변시간을 줄여 변비를 완화해주고, 대장 내부의 활동을 촉진하여 대장암 발생 위험을 줄이는데 도움을 주게 된다. 이러한 불용성 식이섬유는 곡류, 견과류, 콩류, 채소류 등에 풍부하다.

키틴과 키토산은 혈중 콜레스테롤 저하, 혈압 상승 억제, 면역력 증가 등의 작용을 나타낸다. 아무튼 꾸준한 불용성 식이섬유의 섭취는 건강증진에 매우 중요하다. 그러나 과도한 섭취는 소화 장애를 유발할 수 있으니 적정량을 섭취하는 것이 좋겠다.

2) 수용성 식이섬유

수용성 식이섬유는 소화과정에서 물과 결합하여 점증되므로, 우리의 소화기관을 거쳐 가면서 우리의 몸에 많은 이점을 제공한다. 이러한 식이섬유는 곡류, 콩, 채소, 과일 등과 같이 대부분의 식물성 식품에 함유되어 있다.

장내 유익균의 활동을 촉진시켜 소화기관의 건강을 유지하고, 혈당 조절과 콜레스테롤 감소에 도움을 주며, 배변활동을 촉진시켜 변비 예방에도 효과적이다. 수용성 식이섬유도 불용성 식이섬유와 마찬가지로 과도한 섭취는 소화 장애를 유발하여 복통, 설사, 구토 등의 증상이 나타날 수 있고 영양소 흡수를 방해하기 때문에 하루 적절한 양의 식이섬유를 섭취하는 것이 중요하다.

식이섬유 섭취량은 개인의 나이, 성별, 활동량 등에 따라 다르며, 대체로 성인 남성은 하루에 약 30g, 여성은 약 20g의 식이섬유를 섭취하는 것이 좋겠다. 식이섬유의 충분섭취량은 12g/1,000kcal이다. 만성변비, 게실염, 당뇨병 등에서는 하루 25~50g의 고식이섬유 식사를 권장한다.

에너지 섭취와 운동

에너지 섭취와 운동

운동선수가 필요한 에너지를 충분히 섭취하는 것은 운동수행 및 근육 유지를 위해 필수적이다. 과식하기 보다 적은 양으로 나눠 자주 섭취하는 것이 다양한 영양소를 섭취할 수 있을 뿐 아니라 위장의 크기조절도 용이하며 체성분 유지와 혈당 유지에 더 효과적이다.

탄수화물과 운동

탄수화물은 운동 중 근육뿐만 아니라, 혈액, 신경계에 지속적이고 신속하게 에너지를 제공하는 주 에너지원으로 사용된다.

탄수화물이 지속적으로 공급되면 운동 지속력도 증가시키고 근육 피로를 늦추는 효과도 있다. 일반적으로 운동 30분 이내 탄수화물 섭취를 권장하는 이유도 근육의 피로회복에 도움을 주기 때문이다.

마라톤, 철인3종, 울트라 마라톤 같은 초고강도 운동 종목에 따라서는 대회 기간에 맞추어 고탄수화물 식단으로 글리코겐 저장량을 늘려 운동 중 효과적인 에너지 사용으로 최상의 성과를 낼 수 있다. 따라서 운동 종류, 운동 강도, 운동 지속시간, 개인의 목표에 따라 탄수화물 섭취량이 달라 질 수 있다.

개별적인 상황과 목표에 따라 영양 전문가와 상담하여 올바른 식단 계획을 수립하는 것이 좋겠다. 지구력을 요하는 운동에는 에너지 섭취의 60% 이상을 탄수화물로 공급하도록 권장하고 있다.

탄수화물 부하(carbo loading, glycogen loading)

마라톤과 같은 지구력을 요하는 경기에서 시합전에 근육 글리코겐 저장량을 최대로 하여 경기력 향상 목적으로 운동내용, 운동시간, 탄수화물 섭취량을 조정하는 것을 탄수화물 부하 또는 글리코겐 부하라고 한다. 시합 전에 에너지 섭취량의 60~70%를 탄수화물로 하고 운동강도와 운동시간을 줄여 근육 휴식을 충분히 하면서, 근육 글리코겐 저장량을 2배 이상 증가시키는 과정이다.

탄수화물 부하는 지구력 향상에는 도움이 되나 근육에 1g의 글리코겐이 저장되는 경우에 3g의 물이 함께 저장되므로 체중증가에 의한 불편감을 호소하는 경우가 있다. 그러므로 60~90분 이하의 경기를 하는 경우에는 탄수화물 부하의 장점이 별로 없다. 그러나, 중장거리 마라톤 이상의 경기를 하는 경우에는 도움이 되는데, 반드시 전문가의 도움을 받는 것이 필요하다.

운동 과정시의 탄수화물 섭취

운동을 시작하기 2~4시간 전에 탄수화물을 섭취하는 것은 글리코겐 저장을 보충하고 지구력을 향상하는 데에 도움을 준다. 운동 전에는 소화하기 쉬운 유동식 형태가 좋으며, 식사의 에너지 구성 비율은 단백질 10~15%, 지질 20% 정도로 단백질과 지질 비율을 줄이는 것이 소화에 도움을 준다. 경기를 1시간 이상하는 경우에는 운동선수가 운동강도를 유지하기 위하여 단순당질이 포함되어 있는 스포츠 음료를 통해 근육에 탄수화물을 공급할 수 있다.

경기를 마치고 30분 이내에 체중 1kg당 1~1.5g의 탄수화물을 공급하는 것이 글리코겐 보충에 가장 좋은 방법이다. 적정한 포도당 보충은 체단백질의 손실을 예방하기 위해서도 중요하며, 당지수가 높은 단순당질을 공급하는 것이 글리코겐 저장에 효과적이다.

지질과 운동

인체가 주로 사용하는 에너지원은 운동강도에 따라 달라지는데, 저강도 또는 중강도의 운동인 유산소 운동에서는 지방을 주 에너지원으로 사용하고, 고강도 운동에는 탄수화물을 주 에너지원으로 사용한다. 고지방식은 소화되는 속도가 느리고 글리코겐 저장을 충족시키지 못하므로 운동선수에게 권장하지는 않지만, 고에너지식을 하는 경우에는 20~35%의 에너지를 지질로 공급한다. 포화지방 섭취는 10% 미만으로 하고 단일 불포화지방과 다가 불포화지방의 섭취를 증가하도록 권장한다.

🏋 단백질과 운동

운동선수, 특히 근력 운동을 위주로 하는 사람이라면 일반인보다 많은 양의 단백질이 필요하므로 식사를 통해 충분한 양의 단백질을 섭취하는 것이 필요하다. 경우에 따라서는 단백질 보충제를 통해 부족한 단백질을 섭취하는 것도 무방하다. 단백질 섭취는 근육 성장, 회복, 체지방 감소, 에너지 공급 뿐만 아니라 호르몬, 신경전달물질, 소화효소, 항체생성 등의 신체적 기능에 중요한 영향을 미친다.

단백질 섭취량은 운동 종류, 운동 강도, 운동 지속 시간, 운동 환경, 개인 목표에 따라 다를 수 있다. 일반적으로 하루에 체중 1킬로그램당 1.2g에서 2.2g 정도의 단백질을 섭취하는 것을 권장한다. 그러나 개인의 목적과 상황에 따라 다를 수 있으므로 전문가와 상담해서 적절한 단백질 섭취 계획을 수립하는 것이 좋겠다.

🏋 운동강도별 단백질 권장량

운동선수의 단백질 권장량은 운동 종류, 운동 강도, 지속 시간, 목표, 개인의 신체 조건 등에 따라 다를 수 있다. 일반적으로 운동을 많이 하는 사람들은 단백질을 충분히 섭취하여 근육의 회복과 성장에 도움이 되도록 해야겠다.

1. 보통 활동 수준 운동자

보통 활동을 하는 사람들은 일반적으로 체중 1kg당 1.2~1.6g의 단백질을 섭취하는 것이 권장한다.

예를 들어, 70kg의 사람은 하루에 약 84g~112g의 단백질을 섭취 권장한다.

2. 근육 증가나 강도 향상을 목표로 하는 운동자

근육을 더욱 키우거나 강도를 높이는 운동을 하는 사람들은 체중 1kg당 1.6~2.2g 이상의 단백질을 섭취하는 것이 권장한다.

예를 들어, 70kg의 사람은 하루에 약 112g~154g 이상의 단백질을 섭취할 수 있도록 식단을 구성하는 것이 권장된다.

3. 고강도 이상 운동을 하는 선수

극단적인 체력 운동이나 경기를 하는 선수들은 체중 1kg당 2.2g 이상의 단백질을 섭취하는 것이 필요할 수도 있다.

개별적인 운동 목표와 신체 조건을 고려하여 단백질 섭취량을 조절해야 하는데, 문제는 단백질 대사 과정에서 발생되는 질소에 의한 암모니아의 독성으로 간기능, 신장기능에 영향을 미칠 수 있으므로 정기적으로 체크할 것과 전문가의 도움을 받도록 한다.

필자가 몇 년전에 메디칼 스포츠 센터를 운영할 때의 경험인데, 너무 과도한 단백질을 섭취해서 잦은 설사와 간기능에 이상이 온 선수를 진료한 적이 있는데, 무조건 많이 먹는다고 모두 근육으로 가는 것이 아니니, 아무튼 신장기능과 간기능을 체크해 가면서 단백질 섭취량을 조절하는 것이 바람직하다. 불필요하고 건강에 문제가 발생되는 과도한 단백질 섭취를 굳이 고집할 필요가 있을까?

비타민과 운동

비타민은 에너지는 없으나, 조절 영양소로써 적절한 비타민 섭취는 운동 회복 조절에 영향을 미칠 수 있다. 특히 활성 산소 이론에 따르면, 운동을 많이 할수록 활성산소는 많아지는데 이로 인한 세포손상은 불가피해진다. 따라서 운동수행중 발생되는 활성산소로부터의 손상을 방지하고 회복에 중요한 영향을 미친다. 다양한 비타민은 운동 선수들이 에너지를 생성하고 근육을 유지하는 데 도움이 되며, 항산화 기능을 통해 부상과 염증을 완화하는 역할을 한다.

1. 비타민 D

운동을 통해 야외활동을 늘려감으로써 비타민 D가 합성된다. 비타민 D는 칼슘 흡수를 촉진하여 뼈 건강을 유지하는 데 도움이 된다는 것은 이미 잘 알려진 사실이다.

특히 폐경기 이후 여성의 골감소증, 골다공증으로 뼈가 약해져 낙상에 의해 골절이 흔히 발생하게 되는데, 평소에 운동을 지속적으로 해준다면 예방 가능하다. 유산소 운동보다는 근육 운동이 골다공증 예방에는 더 좋은 것으로 되어 있다. 이와 같은 이유로 야외활동이 부족한 사람들은 야외활동을 늘려주는 동시에 비타민 D 보충이 필요할 수 있다.

2. 비타민 C

항산화제로써는 가장 필수 비타민인데, 항산화 효과로 염증을 줄이고 세포 손상을 예방한다. 특히 비타민 C는 수용성 비타민으로써 많이 섭취해도 체내 축적이 되지 않고 신장으로 모두 배설된다. 따라서 많이 먹어도 특별한 부작용은 걱정하지 않아도 되니 가급적 많이 먹으면 좋겠다. 물론 전문가들 사이에 논쟁은 있을 수 있으나, 필자의 경우는 비타민 C를 대량으로 수십년을 먹어왔다.

결핍 시 부상 치유 능력이 저하될 수 있으며, 운동 후 근육 조직 회복에 도움이 된다. 요즘은 잘 볼수 없는 병이지만 괴혈병의 원인이 되기도 한다.

3. 비타민 E

비타민 C와 함께 대표적인 항산화제이다. 비타민 C의 단점을 보완하고 비타민 C 항산화 효과를 극대화 시켜주는 역할을 한다. 항산화 효과로 세포 손상을 예방, 치유하며, 근육 손상을 줄이는 데 도움이 되며 운동 후의 근육 피로를 완화할 수 있다. 다만, 비타민 E는 지용성 비타민으로 많이 먹으면 체내에 축적되어 비타민 E 중독 증상이 생길 수 있다. 하루 권장량 이상 먹지 마시라. 요즘 시중에 시판되는 비타민 E는 400IU 하루 1알 복용이 권장량이다.

4. 비타민 B 그룹(특히 B_1, B_2, B_6, B_{12})

비타민 B 그룹은 수용성 비타민으로 체내 축적되지 않고 체내 사용후 남는 것은 신장을 통해 모두 배설된다.

탄수화물 및 지방 대사에 참여하여 에너지 생산을 촉진하고 근육 기능과 신경 전달을 지원하며, 체력을 유지하고 운동 성과를 개선하는 데 도움이 된다. 결핍시 비타민 B의 종류에 따라 다양한 질병이 생길 수 있으니 골고루 음식을 섭취하는 식습관을 가져야 한다.

5. 비타민 K

혈액 응고에 관여하는 지용성 비타민의 한 종류로 부상을 당했을 때 출혈 예방이 주 기능이다. 뼈 건강에 관여하며 골밀도를 유지하는 데 도움이 되기도 한다.

운동 선수들은 적절한 식단과 비타민 섭취를 통해 근력, 지구력, 회복력을 향상시킬 수 있으나, 비타민 섭취가 과도하거나 부족한 경우에는 건강 및 운동 성과에 부정적인 영향을 미칠 수 있으므로 균형 잡힌 식단을 유지하는 것이 중요하다. 개인의 신체 조건, 목표 및 활동 수준을 고려하여 전문가와 상담하여 적절한 비타민 섭취량을 결정하는 것이 좋겠다. 운동과 영양은 의학이고 과학이라는 점을 잊지 마시라.

무기질과 운동

운동 선수들은 무기질 요구량을 충족시켜 근육 기능, 에너지 생산, 대사 및 건강을 지원하는 것이 중요하지만, 과도한 무기질 섭취도 문제를 일으킬 수 있으므로 균형 잡힌 식단을 유지하는 것이 중요하다. 무기질은 소량 필요하지만 부족하면 심각한 문제가 발생할 수 있는 영양소이므로 전문가의 도움을 받아 개인의 운동목표에 맞는 무기질 섭취량을 결정하는 것이 좋겠다.

1. 칼슘

뼈 건강을 유지하고 강화하는 데 중요하며 근육 수축 및 신경 전달에 필요한 무기질이다. 운동 중 뼈에 가해지는 스트레스를 감소시켜 부상 예방에도 도움을 줄 수 있고 근육 기능을 원활하게 한다.

특히 필자는 노인병원을 운영하면서 여성 노인의 경우 골감소증, 골다공증이 매우 심한 경우를 많이 경험하였다. 노인의 경우 근력도 떨어져 있고 평형 감각도 저하되어 있기 때문에 조금만 방심하면 낙상으로 이어져 골절이 발생되어 낭패를 당하는 경우를 많이 보아 왔다. 따라서, 평소 꾸준히 운동하는 습관과 올바른 식습관을 갖는 것이 노인 건강 유지에 필수 사항이다.

2. 철분

적혈구의 헤모글로빈 생성에 필요한 것이 철분인데, 혈액내 헤모글로빈은 인체 조직에 산소를 운반하는 역할을 한다. 특히 운동으로 인해 산소 요구량이 증가할 때에는 아주 중요하다. 운동을 할 때에는 혈액의 80%까지 근육으로 들어가는데, 산소와 수분이 적절히 공급되지 않으면, 운동 중 근육 경련도 생기고, 운동 능력도 저하된다. 고산지대에 사는 사람의 경우 일반인들 보다 헤모글로빈 농도가 더 진하다.

이는 고도로 인한 부족한 산소 환경에서도 충분한 산소를 조직에 공급하기 위해 인체가 고산지대에 적응한 것이다.
결과적으로 철분 결핍이 되면 잦은 피로감도 느끼고 운동 수행 능력이 저하되므로 충분한 섭취가 필요하다.

3. 마그네슘

에너지 생산 및 근육 수축과 근육 기능을 유지하는데 중요한 기능을 한다. 심장 건강과 혈압 조절에도 영향을 미친다.

4. 나트륨과 칼륨

신체의 수분 및 전해질 균형을 조절하는 역할을 한다. 운동으로 인한 수분 손실로 인해 전해질 불균형이 발생할 수 있으므로 적절한 섭취가 필요하다.

5. 아연

단백질 합성과 면역 기능을 지원하여 근육 회복과 염증 방지에 도움이 되며, 항산화 효과도 있어 운동 손상과 염증을 줄일 수 있다.

6. 크롬

인슐린의 기능을 증가시켜 운동 후 혈당 조절을 촉진한다.

수분섭취와 운동

수분 섭취는 운동 성과와 건강을 유지하는 데 매우 중요한 역할을 한다. 인체의 에너지 대사 기본 원칙이 음식물을 섭취하고 물을 마시고 산소를 흡입해서 몸속에서 충분히 이용하고 에너지를 생산하고 노폐물은 대소변으로 배설하고 물과 이산화탄소를 배출하는 과정의 연속으로 이해하면 되겠다. 이렇듯이 인체 활동에서 가장 기본 프로세스가 물을 섭취하고 사용된 물은 다시 배설하는 과정이라는 것이다.

다시 말하면, 흡수된 수분은 운동 중 발생된 열에너지를 식히기 위해 땀으로 많이 소모된다. 물의 섭취와 배출과정을 항상성 유지를 위한 과정으로 설명할 수도 있다. 적절한 수분 섭취는 체온 조절, 전해질 평형유지, 에너지 대사, 근육 기능 유지, 회복 등에 직접적으로 영향을 주기 때문에 개인의 운동 수준, 환경 조건, 운동 목표 등에 따라 수분 섭취량이 달라질 수 있으니 개인적인 요구량을 고려하여 운동 전, 운동 중, 운동 후 충분한 수분을 섭취하고 탈수를 방지하는 것이 중요하겠다. 특히 오랜시간 고강도 운동하는 경우는 수분 손실과 전해질 부족으로 인해 근육 경련으로 낭패를 당하는 경우가 흔하니 주의를 요한다.

7

알코올의 정의와 특성

알코올의 정의와 특성

 우리나라는 술을 많이 권하고 마시는 문화이다 보니, 건강증진을 위해 운동과 음식의 중요성을 설명하는데 어쩌면 제외될 수 없는 문제이기도 하다. 이참에 술에 대해서 제대로 알고 대처한다면 훨씬 운동의 효과를 유지하면서 건강을 해치지 않는 방법으로 습관을 길러 갈 수 있을 것이라 생각한다.

 알코올은 여러 가지 형태가 있는데, 우리가 마시는 술은 에탄올을 말한다. 에탄올은 이스트가 설탕과 같은 당을 발효하는 과정에서 이산화탄소와 함께 만들어 지며 과일, 곡류, 꿀 등이 발효하는 과정에서도 만들어진다. 음식과 술에 들어있는 알코올은 체내에서 대사하여 1g당 7kcal의 에너지를 생성한다.

 이들 술에는 맛과 향을 위해 미량의 무기질과 니아신 같은 수용성 비타민을 첨가하기도 하지만, 에너지 이외에는 다른 영양소가 거의 함유돼 있지 않아 술에는 영양가가 없다. 영양식으로 술을 마시는 사람도 있을까? 각각의 술 1잔에 약 15g의 알코올을 함유하고 있으며, 이를 1회 섭취량이라고 하는데, 적당한 알코올 섭취량은 남자는 2잔, 여자는 1잔 이하를 마시는 것을 말한다.

🏋 알코올 대사

　알코올은 분자량이 작아서 별도의 소화 작용을 거치지 않고 그대로 단순 확산에 의해 흡수된다. 알코올 흡수의 약 10%는 위장에서 이루어지고 나머지는 대부분 소장 상부에서 흡수된다. 1~2%의 알코올은 호흡시 폐를 통해 배출되고 20% 정도는 근육조직으로 운반된다. 기름진 음식을 함께 섭취하면 알코올의 흡수가 늦춰지고 빈속에 알코올을 섭취하면 흡수가 빠르다. 흡수된 알코올은 간 문맥을 거쳐 간으로 운반되어 대부분 간에서 대사된다.

　알코올의 대사속도는 알코올 분해효소의 개인차, 성별에 차이가 있다. 또한 알코올은 소량 적당히 마셨을 때와 과량 섭취했을 때에 대사과정에 차이가 있다. 알코올은 1그램당 약 7kcal 열량을 갖고 있는데, 술을 마시면 우리 몸속에서 우선 대사됨으로 지방대사를 방해하고 지방 축적을 증가시킨다. 따라서 알코올을 과도하게 섭취하면 추가 칼로리를 섭취하게 되어 체지방 증가의 원인이 될 수 있다. 또한 술은 식욕을 증가시킬 수 있고, 알코올 때문에 포만감을 느끼지 못하여 더 많이 먹게 되는 경향이 있다. 독자들은 과음 후 집에가서 취침전에 라면 끓여 먹은 기억이 없는가?

　술은 다이어트의 적이다. 피트니스 대회를 준비하는 사람은 이런 이유로 술을 거의 마시지 않는다. 술을 끊어 보고 싶다면 피트니스 대회 참가 신청하는 것도 좋은 방법이다. 또한 알코올은 간기능을 저하시켜 지방대사와 당대사에 영향을 미쳐 체지방 축적과 밀접한 관련이 있다.

1. 알코올 탈수소 효소에 의한 대사

알코올 탈수소 효소에 의해 알코올은 아세트알데하이드로 대사가 되고 아세트알데하이드는 아세트알데하이드 탈수소 효소에 의해 여러 단계를 거치면서 물과 탄산가스로 변한다. 술을 마시면 머리가 아프고 구토가 나고 얼굴이 달아오르고 가슴이 뛰는 것은 알코올 때문이 아니라 대사 과정에서 쌓인 아세트알데하이드에 의한 증상이다. 이것으로 인해 숙취가 발생하게 된다.

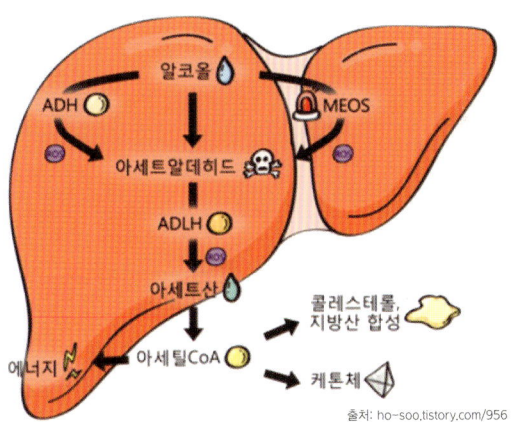

출처: ho-soo.tistory.com/956

아세트알데하이드 제거 능력은 개인차가 있다. 술을 많이 마시면 당연히 숙취가 많이 생기는 것도 이 때문이다. 아세트알데하이드를 제거하는 효소를 차단시키는 것이 술끊는 약인데, 숙취 해소 자체가 차단되어 버리니 술끊는 약을 먹고 술을 마시면 어찌 되겠는지 상상을 해보라. 알코올 중독자는 절대 되지 마시라. 또한 술은 확실한 1급 발암물질로 분류되어 있다는 것도 이 참에 알아두시라

2. 마이크로좀 에탄올 산화계에 의한 대사

알코올은 주로 ADH(acetaldehyde dehydrogenase)에 의해 아세트알데하이드로 분해되지만, 과음으로 체내 알코올 농도가 높아지면 알코올을 이물질로 간주해 약이나 이물질을 해독하는데 사용하는 간의 다른 효소 체계인 MEOS(Microsomal ethanol oxidizing system, 마이크로솜 에탄올 산화 체계)가 활성화되어 알코올을 처리하게 된다.

알코올을 오랜기간 동안 많이 마시게 되면, 이로 인해 약물이나 이물질의 해독작용이 영향을 받아 알코올과 약물에 대한 내성이 증가하게 된다. 따라서 알코올 중독자는 MEOS를 통해 알코올과 약물을 대사하므로 항생제 내성도 증가하여 세균감염이 되면 잘 치료되지도 않는다. 또한, 알코올 중독자는 MEOS를 통해 알코올이 대사되므로 섭취하는 알코올 양에 비해 체중이 증가하지 않는 것이다.

🍶 술의 종류와 칼로리 함량

알코올 음료의 칼로리 함량은 알코올 함량, 당 함량, 그리고 추가적인 첨가 성분에 따라 달라질 수 있으므로, 아래의 숫자는 참고용으로만 사용하시기 바란다.

1. 맥주
- 일반 맥주 100ml: 약 43~56 칼로리
- 라이트 맥주 100ml: 약 30~40 칼로리

2. 와인
- 레드 와인 100ml: 약 70~85 칼로리
- 화이트 와인 100ml: 약 70~85 칼로리
- 스파클링 와인 100ml: 약 80~100 칼로리

3. 리커
- 보드카 100ml: 약 210~220 칼로리
- 위스키 100ml: 약 220~250 칼로리
- 럼 100ml: 약 220~250 칼로리
- 진 100ml: 약 220~250 칼로리
- 데낄라 100ml: 약 220~250 칼로리
- 리큐르 100ml: 약 200~300 칼로리

각 알코올의 칼로리 함량은 제조 과정과 브랜드에 따라 다를 수 있으므로, 정확한 정보를 얻으려면 해당 제품의 라벨을 확인하거나 제조사의 웹사이트를 참조하는 것이 좋겠다.

알코올을 소비할 때는 적당한 양과 적절한 빈도로 소비하는 것이 중요한데 운동과 영양에 매우 민감한 부분이므로 과도한 알코올 섭취는 체지방 증가, 비만, 건강 문제 등을 초래할 수 있으므로 주의가 필요하다. 또한, 알코올을 섭취할 때는 균형 잡힌 식사와 운동을 통해 올바른 체지방 관리를 유지하는 것이 중요하니 전문가와 상담하여 적절한 알코올 소비량을 결정하고 건강한 생활 습관을 유지할 것을 권고한다.

알코올과 영양

알코올은 열량은 있으나 인체에 필수적인 기능은 하지 않기 때문에 영양소라고 할 수는 없다. 적당한 섭취는 지단백질 중 HDL 수준을 높여 심장병 발생위험을 줄이는 것으로 알려져 있으며, 와인 같은 일부 알코올들이 함유하고 있는 항산화 물질은 건강에 도움을 주는 것으로 알려져 있다.

그러나, 항산화 물질이 있다 하더라도 술이라는 사실을 잊지 마시라. 따라서 과음은 지방간을 비롯한 뇌, 신경조직, 간과 소화기관에 영향을 미치게 된다. 알코올 섭취가 많은 경우에는 다양한 식품 섭취가 어렵게 되고 알코올이 다른 영양소들의 흡수와 대사를 방해하기 때문에 영양 결핍이 자주 나타난다.

우리나라의 경우 알코올에 의한 영양 결핍 사례가 많지는 않으나, 알코올 중독자들은 부적절한 영양을 섭취하고 저하된 간기능과 함께 잦은 설사나 알코올의 독성으로 인해 영양 결핍을 나타내기 쉽다.

숙취현상(Hangover)

알코올을 섭취한 후 약 30분 후에 혈액 알코올 농도는 최대치가 된다. 간이 처리할 수 있는 용량보다 많이 섭취한 경우에는 알코올이 모든 체액으로 확산되어 들어간다. 임신한 경우에는 태반을 통해 태아에게도 확산되어 들어간다. 알코올 섭취 과다는 뇌의 산소 부족현상을 일으켜 의식을 잃게 되고 호흡과 심장 박동 이상을 일으킬 수 있다.

숙취는 술 마신 후 몇 시간 후에 혈액 알코올 수준이 떨어지는 시점에 나타나기 시작하는 염증작용이며, 숙취의 원인은 아세트알데하이드 체내 축적 때문이다. 일반적인 숙취 증상으로는 피로, 쇠약, 갈증, 두통, 근육통, 메스꺼움, 복통, 구토, 설사 등으로 체액 손실과 전해질 불균형을 일으켜 현기증, 빛과 소리에 대한 민감성, 불안, 과민, 발한 및 혈압 상승, 우울증까지도 동반되기도 하는데 사람마다 다를 수 있다. 심한 알코올 중독의 경우에는 환청, 환시를 동반한 정신분열증까지도 생긴다.

숙취를 줄이는 방법

숙취는 시간이 지나면 자연적으로 없어지지만, 알코올을 적당히 마시는 것이 가장 중요하다. 알코올 섭취하기 전에 충분히 음식을 먹으면 알코올의 흡수 시간을 지연시켜 숙취 예방에 도움이 된다. 술을 마실 때도 물이나 전해질이 풍부한 스포츠 음료를 충분히 마시고, 술 마신 다음 날도 수분 섭취를 넉넉하게 하는 것이 의사들이 강조하는 첫 번째 숙취 해소방법이다. 탈수가 올수록 혈중 알코올 농도가 높아지고 강한 숙취가 오래간다.

여성이 남성보다 알코올에 약한 이유

여성은 남성에 비해 간의 크기가 작고, 알코올 탈수소효소 활성은 남성의 60% 정도로 알려져 있다. 또한 신체 조성 중 체지방이 많고 체수분이 적어 알코올을 희석하는 능력이 적어 여성의 알코올 처리 능력이 떨어진다.

🏋 알코올 섭취와 운동

알코올 섭취와 운동의 관계는 세심한 주의를 해야 하는 중요한 주제이다. 술과 운동의 연관성에 대해 많이들 궁금해 한다. 단도직입적으로 말하면 가급적 술을 적게 마시기를 권고하지만 다들 말을 잘 안 듣는다. 술마시는 이유는 다양하다. 기분이 좋아도 한잔, 나빠도 한잔, 분위기가 좋아서 한잔, 어쩔 수 없어서 한잔, 운동하고 땀을 흘렸으니 한잔, 특히 운동하고 마시는 술이 꿀맛이란다.

어쩔 수 없지만 알코올은 운동 성과와 회복에 상당한 영향을 미칠 수 있으니 가급적 절제하기 바란다. 나이가 들어갈수록 특히 술은 줄여야 한다. 건강수명을 늘려가기 위해서는 금연, 금주를 실천하는 절제된 생활 습관을 가져야 한다.

1) 근육 회복과 성장

과도한 알코올 섭취는 근육 회복과 성장을 방해할 수 있다. 알코올은 단백질 합성을 저해하고, 근육 손상이 발생될 수 있으며, 알코올은 포도당이나 단백질 성분은 없으면서 칼로리만 있다. 에너지는 있으나 영양분은 없다는 것이다. 술과 같이 먹은 안주는 고스란히 지방으로 축적된다. 특히, 웨이트 트레이닝하는 사람들의 경우는 술을 거의 마시지 않는다. 그 이유는 고생해서 만든 멋진 근육이 술마신 다음날 고스란히 지방으로 덮혀버리는 것이 싫어서 일 것이다.

2) 인슐린 민감성 저하

알코올 섭취는 인슐린 민감성을 저하시킬 수 있다. 이는 혈당 조절을 어렵게 만들어 운동 성과 및 체중 관리에 영향을 줄 수 있는데, 특히 당뇨병 환자의 경우는 인슐린 민감성이 저하되면 혈당 조절이 곤란하니 조심하는 것이 좋겠다.

3) 수분 손실 증가

알코올은 항이뇨 호르몬 분비가 떨어져 소변을 자주 보면서 전체적으로 수분 손실이 초래된다. 따라서, 과도한 알코올 섭취는 탈수를 야기할 수 있으며, 운동 능력을 저하시킬 수 있다.

4) 인지 및 운동 능력 감소

알코올은 중추신경계에 영향을 미친다. 과도한 음주는 인지 능력, 반응 속도, 운동 협응력 등 운동 능력을 저하시킬 수 있다. 젊을 때 술을 많이 마시게 되면 나이가 들어가면서 알콜성 치매의 원인이 되기도 하니 절제가 필요하다.

5) 대사와 에너지 소비

알코올은 칼로리는 있지만 포도당이나 아미노산은 없다. 음주 후에도 우리몸은 알코올을 우선적으로 처리하기 때문에 탄수화물, 단백질, 지방 대사가 저해될 수 있으며, 웨이트 트레이닝 대회를 준비하다보면 음주후에 지방이 늘어나 근육의 선명도가 떨어지는 것을 경험하게 된다. 이런 이유로 필자도 피트니스 대회를 준비하는 동안은 술을 거의 마시지 않는다.

6) 회복 시간에 영향을 미친다.

보통 불면증이 있는 사람들이 취침전에 잠을 잘 자기위해 술을 마신다는 말을 자주 듣게 되는데, 음주 후 잠을 자면 다음날 어떻던가? 음주는 잠의 질을 떨어뜨리고 숙면을 방해한다. 특히 운동 후에 술을 마시고 잠자리에 들면 운동 회복이 방해받을 수 있으니 주의를 요한다.

7) 부상 위험 증가

음주 상태에서 운동을 하면 균형을 잃거나 조절이 어려워 부상 위험이 증가하고, 자칫 대형사고로 이어 질 수 있으니 삼가하기 바란다. 운동 선수들은 알코올 소비에 대해 신중한 판단을 해야 하는데 알코올을 섭취하는 경우, 아래 제시된 4가지 지침을 따르는 것이 좋겠다.

(1) **적절한 양**: 가능한 알코올 섭취량을 줄이는 것이 좋다. 극도로 과음하는 것은 피해야 한다.
(2) **보상적 음주 피하기**: 운동 후 "보상적 음주"를 피하는 것이 좋겠다. 운동 이후 갈증 상태에서 술을 마시면 이보다 더 좋을 수 없다는 행복감을 느끼는데, 높은 칼로리 섭취로 인해 운동

전보다 체지방이 증가될 수 있다.
- **(3) 수분 섭취:** 충분한 수분 섭취로 탈수를 방지하고 숙취를 예방해야 한다.
- **(4) 계획적 음주:** 운동 일정과 조율하여 음주의 부정적인 영향을 최소화하는 요령도 필요하다.

알코올 섭취와 근력 운동

과도한 음주는 근육 회복, 성장, 기능 향상 등에 부정적인 영향을 줄 수 있다.

1) 단백질 합성 저해

알코올 섭취는 단백질 합성을 억제하여 운동 이후 근육의 회복 능력과 근육 성장을 저하시킬 수 있다. 단백질은 근육의 구성 요소이며, 운동 이후 근섬유 손상의 회복과 성장에 필수적인데, 20개의 아미노산 중에서도 BCAA(발린, 류신, 이소류신)는 특히 근육 성장 아미노산이다.

2) 근육 손상 증가

운동의 강도가 높을수록 근육의 수축 이완이 지속적으로 이어지면서 근섬유의 손상은 불가피하게 발생된다. 그러나 운동 이후 알코올 섭취는 근육 손상을 증가시킬 수 있다. 왜냐하면, 운동 이후 근섬유가 미세 손상되어져 있는데 알코올은 이러한 미세 근섬유 조직에 염증을 유발하거나 염증을 촉진시켜 근육의 손상을 더욱 악화시킬 수 있다. 고강도 운동을 하고 난뒤 아이스 쿨링시켜 주는 이유도 이러한 근섬유 손상이후 염증을 빨리 가라 앉히기 위함이다.

3) 호르몬 분비 영향

알코올 섭취는 다양한 호르몬 분비에 영향을 줄 수 있다. 특히 테스토스테론(남성 호르몬)의 분비를 억제하거나 감소시킬 수 있어 근육 성장에 부정적인 영향을 미칠 수 있다.

4) 인슐린 민감성 저하

알코올은 인슐린 민감성을 저하시키고 혈당 조절을 어렵게 할 수 있는데, 이로 인해 에너지 대사 및 근육 성장에 영향을 줄 수 있다. 특히 당뇨병 환자의 경우라면 더욱 알코올 섭취를 자제해야 한다.

5) 탄수화물 대사 저해

알코올은 신체에서 우선적으로 대사되기 때문에 탄수화물의 대사를 저해할 수 있는데, 이로 인해 근육에 필요한 에너지 제공이 저하될 수 있다.

6) 수분 손실과 탈수

알코올은 항이뇨호르몬을 억제시켜 신체 내에서 수분을 배출시키는 역할을 한다. 과도한 음주는 수분 손실과 탈수를 야기할 수 있어 근육 기능을 저하시킬 수 있다. 운동을 할 때, 혈액의 80%까지 근육에서 사용한다. 술을 마시게 되면 탈수로 인해 수분손실과 탈수로 이어지면서 근육 경련도 유발될 수 있고, 운동을 더 이상 지속할 수 없는 상태가 될 수도 있다.

7) 운동 능력 저하

알코올은 중추신경계에 영향을 미치며, 인지 능력, 운동 협응력, 균형 등 기타 운동 수행 능력을 저하시킬 수 있다.

8) 수면 장애

알코올은 수면 패턴을 혼란시켜 수면의 질을 저하시킬 수 있다. 부족한 수면은 근육 회복을 방해할 수 있다는 것을 명심하시라.

이러한 다양한 이유로 인해 운동을 하는 사람들은 알코올 섭취를 최소화하는 것이 좋다. 만약 음주가 불가피한 상황이라면, 적절한 양과 타이밍을 고려하여 계획적 절제된 음주 습관 갖는 것이 중요하며, 운동을 할 때 알코올의 영향을 최소화하기 위해 노력해야 한다.

🏋 알코올 섭취와 유산소 운동

알코올 섭취와 유산소 운동의 관계도 알아보자. 유산소 운동은 심혈관 건강, 체중 관리, 대사 활성화 등에 도움이 되는 반면, 알코올은 신체 기능을 저하시키고 섭취량과 패턴에 따라 유산소 운동에 영향을 미칠 수 있다.

1) 유산소 운동과 대사 영향
알코올은 탄수화물 및 지방 대사를 방해할 수 있다. 유산소 운동은 체내 대사를 활성화시켜 에너지 소비를 증가시키는데, 알코올의 영향으로 인해 유산소 운동의 효과가 감소할 수 있다.

2) 유산소 운동 능력 저하
알코올은 중추신경계에 영향을 주어 운동 협응력, 인지 능력, 균형 등 유산소 운동에 필요한 요소들을 저하시킬 수 있다.

3) 탈수와 수분 손실
알코올은 수분 손실을 유발하며, 이로 인해 유산소 운동 중 탈수 위험이 증가할 수 있다. 적절한 수분 섭취가 유산소 운동의 효과와 안전성에 중요한 역할을 한다.

4) 유산소 운동 후 회복

알코올은 수면의 패턴을 혼란시켜 수면의 질을 떨어뜨린다. 부족한 수면은 유산소 운동 후의 회복을 방해할 수 있다.

5) 인슐린 민감성 감소

알코올은 인슐린 민감성을 감소시키는데, 이로 인해 혈당 조절이 어려워질 수 있다. 이는 유산소 운동 효과에 영향을 미칠 수 있다는 것이다.

알코올을 섭취한 후에는 충분한 시간을 두고 유산소 운동을 하는 것이 좋겠다. 최선의 경우, 음주와 유산소 운동 사이에는 충분한 시간을 두어 알코올이 체내에서 대사되고 영향이 최소화될 수 있도록 한다. 그러나 음주 후에도 효과적인 유산소 운동을 하기 위해서는 적절한 수분 섭취와 영양 공급, 충분한 휴식과 수면이 필요하다. 개인의 목표와 건강 상태에 따라 알코올 섭취와 유산소 운동을 어떻게 조절할지에 대해서는 전문가와 상담하여 적절한 결정을 내리는 것이 좋겠다.

질환별 식단과 운동

질환별 식단과 운동

🏋 고혈압의 식단과 운동

1. 고혈압의 최신 경향

최근 국내 고혈압 환자의 숫자는 2021년 기준 20세 이상 성인 4,434만명 중 30.8%, 1,300만명이 넘었다. 10명 중 3명이 고혈압 환자라는 말이다. 고혈압 합병증으로 고생하지 않으려면 전고혈압 단계에서부터 집중 관리해야 한다. 세계 고혈압 학회 고혈압 기준은 수축기 혈압 140mmHg 이상 또는 이완기 혈압 90mmHg 이상으로 정의한다. 정상혈압은 수축기 혈압과 이완기 혈압 모두 120mmHg과 80mmHg 미만일 때로 정의한다.

2. 고혈압 진단 기준

	수축기 혈압 (mmHg)		이완기 혈압 (mmHg)
정상	120 미만	그리고	80 미만
고혈압 전단계	120 ~ 139	또는	80 ~ 89
1기 고혈압	140 ~ 159	또는	90 ~ 99
2기 고혈압	160 이상	또는	100 이상

출처: www.google.co.kr

3. 고혈압 합병증

1) 동맥경화증

동맥 내벽에 지방 등 노폐물이 쌓여 혈관이 좁아지고 딱딱하게 굳어지면서 뇌졸중의 원인이 되는 질환이다.

2) 뇌졸중(뇌경색/뇌출혈)

고혈압의 합병증 가운데 가장 많이 발생하며, 정상인보다 7배 많이 발생된다. 특히 뇌출혈은 고혈압에 의한 경우가 가장 많다. 단일 질환으로는 사망률 1위의 질환이다. 특히 환절기와 겨울철에 주의를 요한다. 골든 타임을 놓치게 되면 심각한 상황이 발생될 수도 있다.

3) 심근경색증, 협심증

심장 근육에 혈액을 공급하는 관상 동맥이 좁아지거나 막혀서 발생하며, 정상인보다 3배 많이 발생한다. 심근경색증의 경우 사망률이 높아 병원에 도착하기 전에 약 50%가 사망하는 무서운 질환이다. 이 역시 골든타임이 관건이다.

4) 만성 신질환(신부전)

고혈압이 장기간 지속되면 신장의 모세혈관이 높은 압력에 손상되어 딱딱하게 변해 노폐물 배설 기능이 떨어져 이로 인해 단백뇨가 검출되고 부종, 빈혈 등이 발생하게 된다. 결국 만성 신부전으로 진행되면 투석(혈액투석, 복막투석)이나 신장이식 등의 치료가 필요하다.

5) 고혈압성 망막증

고혈압이 장기간 지속되면 망막 모세혈관이 높은 압력에 출혈이 생겨 시야 결손 및 실명까지 유발된다. 일반적으로 고혈압을 15년 이상 앓은 경우 망막증 발병률이 높다.

4. 고혈압의 위험 요인

고혈압의 위험 요인으로는 조절 가능 인자와 조절 불가능 인자가 있다. 아래의 테이블을 참고 하면 되겠다.

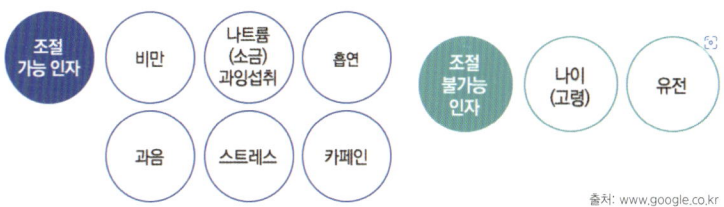

출처: www.google.co.kr

1) 조절할 수 없는 위험인자

▲ **나이**: 나이가 들수록 혈압은 올라간다.

▲ **유전**: 부모 모두 고혈압일 경우 80%, 부모 중 1명이 고혈압일 경우 25~40%가 고혈압일 가능성이 있다.

2) 조절할 수 있는 위험 요인

▲ **비만:** 체중이 증가하면 혈압이 올라간다. 통계에 의하면 비만인은 정상인보다 3배 이상 고혈압에 잘 걸리고 당뇨병과 고콜레스테롤 혈증도 많다고 한다.

▲ **나트륨(소금) 과잉섭취:** 소금의 과잉 섭취 시 혈관 내의 나트륨이 수분을 저장하여 혈액량을 증가시켜 혈압을 상승시킨다. 소금 섭취량이 6g 증가 할 때 마다 심장병 사망률은 61%, 뇌졸중 사망률은 89% 증가한다. 우리나라 고혈압 환자의 50% 이상이 소금 과잉 섭취로 인해 혈압이 상승한다.

▲ **흡연:** 담배속의 니코틴을 비롯한 각종 유해 물질은 혈관을 손상시켜서 딱딱하게 만들고, 혈관을 수축시켜 혈압을 상승시킨다. 이 밖에도 담배에서 나오는 일산화탄소는 산소부족을 가져와 혈액량의 증가를 유발하여 혈압을 상승시키게 된다.

▲ **과음:** 하루 3~4잔 이상의 술을 마시는 사람들은 술을 마시지 않는 사람에 비해 고혈압이 생길 위험이 증가한다. 소주 1/3병을 매일 마실 경우 혈압이 3~5mmHg정도가 상승한다.

▲ **스트레스:** 스트레스를 받으면 체내에서 혈압 상승 물질(아드레날린)의 분비가 늘어나 혈압이 올라간다. 또한 스트레스로 인

해 과음, 과식을 하여 비만을 초래하거나 수면부족과 흡연 증가로 인해 혈압이 상승된다.

▲ **카페인**: 커피, 청량음료, 초콜렛, 홍차 등은 혈압을 일시적으로 상승시킬 수 있다.

5. 고혈압 식사 요법

1) 포화지방산 및 콜레스테롤, 지방 등의 총량을 줄인다.
2) 과일, 채소, 저지방 유제품 섭취를 늘린다.
3) 전곡류를 통하여 식이 섭취를 늘린다.
4) 소금은 1일 6g 이하로 줄인다.
5) 당류 함유 식품 섭취를 줄인다.

표 13 생활요법에 따른 혈압 감소 효과

생활요법	혈압 감소 (수축기/이완기혈압, mmHg)	권고사항
소금 섭취 제한	-5.1/-2.7	하루 소금 6 g 이하
체중 감량	-1.1/-0.9	매 체중 1 kg 감소
절주	-3.9/-2.4	하루 2잔 이하
운동	-4.9/-3.7	하루 30~50분, 1주일에 5일 이상
식사 조절	-11.4/-5.5	채식 위주의 건강한 식습관*

*건강한 식습관: 칼로리와 동물성 지방의 섭취를 줄이고 야채, 과일, 생선류, 견과류, 유제품의 섭취를 증가시키는 식사요법.

출처: www.google.co.kr

6. 고혈압 운동 요법

만약 고혈압 약을 먹고 있는 환자의 경우라면 적어도 중고강도 운동을 할 수 있는 단계가 될 때까지 약물 복용은 반드시 병행하기를 권고한다. 대체적으로 1년 정도면 중고강도 트레이닝까지 가능할 것이다. 중고강도 트레이닝이 가능해지는 순간부터 6개월 단위로 고혈압과 관련된 검사를 실시하고 재평가하면 되겠다. 검사결과를 토대로 고혈압 약처방 감량 목표를 세우기 바란다.

운동으로 당장 고혈압 약물을 끊겠다고 말하는 것이 아니라, 우선적으로 약물의 증량은 최소한 막을 수 있다는 것이다. 점차적으로 운동강도가 올라가고, 중고강도 이상 트레이닝을 3년 정도만 이어가면 의미있는 약물 감량이 가능할 것이다. 사람에 따라서는 약물 중단도 가능하다는 필자의 경험으로 희망을 주고 싶다.

"운동이 최고의 명의와 명약"이라는 확실한 신념으로 고혈압 약물 복용을 가까운 미래에 중단하자. 할 수 있다. 반드시 가능하니 아래의 원칙을 지키자.

1) 체중 감량하라.
고혈압이 오래되면 심뇌혈관 질환 합병증이 생길 수 있기 때문에, 고혈압 환자들은 체중 조절을 최우선적으로 고려해야 한다. 적어도 현재 체중의 10% 이상 감량하는 것을 일차목표로 세우기를 권고한다.

위의 테이블에서도 알 수 있듯이 체중 1kg 감소되면 대략 수축기 혈압, 이완기 혈압이 1mmHg 감소되는 것으로 되어있다. 그외 운동, 절주, 식사조절, 소금 섭취 제한을 할 때 등으로 혈압의 변화를 잘 알 수 있는 테이블이니 참조 바란다. 운동은 습관이다. 지긋지긋한 고혈압 약으로 부터 탈출하기 바란다.

우선 체중이 10% 정도 감량이 되면 나도 할 수 있다는 자신감이 생기게 될 것이고 출렁이는 복부지방도 상당히 줄어 있을 것이다. 이때쯤이면 운동 습관도 상당히 길러져 있을 것이고, 적어도 2년, 3년 정도만 지나도 고혈압 증상이 상당히 호전되어져 있을 것으로 기대된다. 내 몸에 맞는 운동은 평생하더라도 부작용은 없다.

비만으로 체지방이 많게 되면 고지혈증 탓에 혈관내 슬러지가 생기고 혈관 내압이 증가하게 되고, 혈관 탄성도가 떨어지는 동맥경화가 발생된다. 따라서 체지방을 우선 제거하기 위해서는 고강도

트레이닝보다는 적어도 30분 이상 중고강도의 운동으로 가볍게 조깅할 수 있는 운동 습관을 갖기를 권한다. 달리기, 수영같은 유산소 운동량을 늘리는 것이 좋겠다.

2) 반드시 중고강도 트레이닝을 하라.

그러면, 중고강도의 운동이 어느 정도 운동량이라는 것인가? 조깅기준으로 하면 시간당 7.5 내지 8.5킬로미터 달리는 속도인데, 빨리 걷는 것 보다 약간 빠른 느낌 정도 될 것이고, 몸에서 땀이 살짝 나는 정도로 보면 될 것이다. 근력 운동도 마찬가지이다. 몸에서 땀이 나는 정도가 중고강도 트레이닝으로 보면 된다. 물론, 운동 습관이 길러지면 머지않아 고강도 트레이닝이 가능해 질 것이고 점차적으로 고혈압으로 인한 걱정은 사라질 것으로 기대한다.

당뇨병 식단과 운동

1. 당뇨병 최신 경향

당뇨병은 고혈압 다음으로 흔한 성인병 질환이며, 조사 기관마다 약간씩 차이는 있지만 2020년 기준 600만명이 넘었다. 아무튼 당뇨병은 계속 증가 추세에 있다는 것이 포인트이다. 당뇨병의 주요 3증상은 많이 먹고, 많이 마시고, 소변을 많이 보는 것인데, 이로 인해 체중감소가 생긴다. 기타 피부, 신경, 각종 혈관증상도 나타나는 질환이다.

제2형 당뇨의 경우 인슐린 저항성으로 탄수화물이 당으로 분해되어 간과 근육에 글리코겐 상태로 저장되지 못하고 당분이 혈액내에서 돌아다니다가 에너지로 소모되지 못하면 소변으로 그냥 배출되어 버린다. 여러분들이 섭취하는 탄수화물은 1g당 4.3kcal의 열량을 낼 수 있는 3대 영양소이며 중요한 에너지 원이다. 이런 소중한 에너지를 소변으로 그냥 버리지 말고, 운동을 해서 운동 대사 에너지로 사용하자는 것이다.

2. 당뇨병 진단 기준

- 당노병의 진단기준

진 단	공복혈당 (mg/dL)	경구당부하 검사 2시간(mg/dL)	당화혈색소 (%)
정 상	100mg/dL 미만	140mg/dL 미만	5.7% 미만
당뇨병 전단계	100~125mg/dL	140~199mg/dL	5.7~6.4%
당뇨병	126mg/dL 이상	200mg/dL 이상	6.5% 이상

3. 당뇨병 합병증

당뇨질환이 만성으로 될 경우 가장 무서운 것이 합병증이다. 특히 당뇨병 합병증은 혈관성 합병증이기 때문에 인체 어느 곳이라도 생길 수 있고 합병증이 발병되면 치료는 쉽지 않다. 질병은 예방하는 것이 가장 가성비가 좋다. 대표적인 합병증으로 당뇨병성 미세혈관 합병증(당뇨병성 신경병증, 당뇨병성 신질환, 당뇨성 망막병증)과 당뇨병성 대혈관 합병증(허혈성 심장질환, 관상 동맥 질환, 뇌혈관 질환, 폐쇄 동맥경화증, 당뇨성 족부 괴사 등)으로 나눌 수 있다.

4. 당뇨병 위험 요인
▲ 조절할 수 없는 위험 요인 – 나이 /유전
▲ 조절할 수 있는 위험 요인 – 비만/ 과식/ 운동 부족/ 흡연/ 과음/ 스트레스/ 임신/ 고혈압 및 다른 질환

5. 당뇨병 식사 요법
▲ 정해진 시간에 적당 양의 음식을 규칙적으로 섭취한다.
▲ 단순당류 섭취를 줄인다. (설탕, 과당, 꿀 등)
▲ 식이섬유를 충분히 섭취한다.
▲ 단백질은 적절히 섭취하되 포화지방 및 콜레스테롤 섭취는 제한한다.
▲ 염분 섭취를 줄인다. (젓갈류같은 염장 음식은 금한다.)
▲ 금주, 금연한다.
▲ 정상체중을 유지한다.

1) 권장 식품
채소류, 열량이 적은 식품(곤약, 해조류, 버섯류, 우뭇가사리, 등), 당지수가 낮은 음식, 섬유소가 풍부한 음식(현미밥류)

2) 주의 식품

▲ 당질 함량이 많은 식품 (쵸코렛, 사탕, 탄산음료, 케익 등)

▲ 지방 함량이 많은 음식(튀김, 전, 샐러드 드레싱, 지나친 견과류 섭취 등)

▲ 성분이 불분명한 건강기능식품, 민간요법, 술 등

6. 당뇨병 운동 요법

위의 당뇨병 진단 기준에서 알 수 있듯이 식후 2시간때 체내 혈당은 가장 높아진다. 그래서 당뇨병의 경우 운동 시작 시간은 식후 1시간 이후부터 2시간 전후에 맞추어 주면 더 효과적이다.

당뇨병같은 대사성 질환들은 근육량이 많으면 훨씬 증상 관리에 효과적이다. 근육량이 많고 근육을 많이 사용하는 저항성 운동을 하면 평소 안정시보다 분당 순환하는 심박출량이 5배가 되고 운동 중 근육에서 사용하는 혈액량이 80%를 넘는다. 따라서 대사된 당을 에너지로 사용하기 때문에 혈당관리에 아주 효과적이다. 이런 과정을 이해한다면 특히 당뇨 환자에게 근육 운동이 가져다 주는 효과를 가히 짐작할 수 있다.

당뇨병 환자의 경우 운동 중 주의할 점은 오히려 혈당이 떨어져 저혈당이 발생되는 경우도 생길 수 있다. 운동 중 저혈당이 발생되면 낭패를 당할 수 도 있다. 저혈당 증상(배고픔, 식은땀, 손발떨림,

두통, 어지러움, 두근거림 등)이 나타나면 운동을 즉시 중단하고 저혈당 쇼크로 인한 이차손상을 예방하는 것이 매우 중요하다. 때문에 초콜릿이나 사탕같이 순식간에 혈당을 올려줄 수 있는 당분을 갖고 다닐 것을 권고한다.

출처: m.blog.naver.com/iccvc/221926266250

　고혈압과 마찬가지로 운동 초기에는 당뇨약을 복용하면서 식단 조절과 운동도 같이 하길 권한다. 당뇨 환자들도 처음 운동시점 체중보다 약 10% 감량을 일차 목표로 정해서 운동하면 좋겠다. 주3회 이상, 1회 30분 이상 땀이 흐를 정도의 파워 워킹이나 가벼운 조깅, 수영을 권한다. 반드시 목표를 가져라. 체계적이고 점진적으로 운동강도를 올려가기를 권한다. 특히 당뇨 환자들은 근력 운동은 필수다. He can do it. She can do it. Why not me?

고지혈증 식단과 운동

1. 고지혈증 최신 경향

고혈압이나 당뇨병을 직,간접적으로 경험한 사람이라면 잘 알것이다. 고혈압, 당뇨와 3종세트로 거의 함께 붙어 다니는 질병이 고지혈증이다.

어쩌면 질환이라고 부르는 것 보다 고지혈이라는 증상쯤으로 생각해도 될 정도로 당장은 문제되지 않는다. 그러나, 컨트롤하지 않고 오랫동안 방치하게 되면 동맥경화, 고혈압, 당뇨병까지 유발시킬 수 있다. 미래의 골칫덩어리인 만성 혈관성 질환을 유발시킬 수 있는 잠재적 질병의 증상이 고지혈증이다.

그러나, 고지혈증의 단계에서 운동과 식단 습관을 제대로 잡아간다면, 아주 쉽게 건강한 몸으로 만들 수 있다. 우리의 몸은 병이 생기기 전에 다양한 신호를 계속 보내주고 있다. 이러한 질병 신호를 우리가 못 알아차리던지, 알더라도 운동하는 것이 귀찮아서 무시한 체 방치하면 가까운 미래에 심각한 질병은 반드시 생기게 된다. 그렇게 되면 건강을 되찾기 위해서는 더 혹독한 댓가를 치루어야 한다. 어쩌면 건강을 다시 되찾을 기회가 없을 지도 모른다. 나이가 들어가면서 건강보다 중요한 것은 없다고 확신한다.

2. 고지혈증 진단 기준

구분	바람직	경계	위험
총 콜레스테롤	200미만	200 ~ 239	240이상
HDL 콜레스테롤	60이상	40 ~ 59	40미만
LDL 콜레스테롤	130미만	130~159	160이상
중성지방	150미만	150 ~ 199	200이상

출처: www.google.co.kr

3. 고지혈증 합병증

▲ **관상 동맥 질환**: 협심증, 심근경색, 동맥경화 등

▲ **뇌혈관 질환**: 뇌경색, 뇌출혈 등

▲ **급성, 만성 췌장염**

▲ **황색판종**

▲ **기타 말초동맥 질환**

4. 고지혈증 위험 요인

▲ **흡연**: 흡연은 백해무익하다. 니코틴은 혈관을 수축시켜 고지혈증으로 인한 증상을 악화시킬 수 있다.

▲ **잦은 음주 습관**

▲ **복부비만**: 허리둘레 남자 90cm 이상, 여자 85cm 이상

▲ **고혈압, 당뇨 질환자**

▲ 높은 LDL 콜레스테롤: 160mg/dl 이상

▲ 낮은 HDL 콜레스테롤: 40mg/dL 이하

▲ 관상 동맥 질환 조기 발병의 가족력: 부모, 형제자매 중 55세 이하의 남자, 65세 이하의 여자에서 관상 동맥 질환이 발병한 경우

▲ 연령: 남자 45세 이상, 여자 55세 이상

5. 고지혈증 식사 요법

▲ 반드시 정상 체중을 유지한다.

먹고 남는 것은 비만, 과체중의 원인이다.

▲ 제한적인 지방 섭취 습관을 들인다.

특히 포화지방의 섭취를 제한해야 한다.

▲ 총 콜레스테롤을 200mg 미만으로 유지하도록 식단을 구성한다.

특히, LDL 콜레스테롤은 동맥경화를 유발하므로 130mg 이하로 유지한다.

▲ 식이섬유소를 충분히 섭취한다.

다양한 야채를 끼니마다 먹는 습관을 들여라.

▲ 탄수화물 비율을 줄여라.

탄수화물 : 단백질 : 지방 비율을 60 : 20 : 20이나 50 : 30 : 20으로 비율 조정한다. 특히, 당류 섭취를 삼가한다.

▲ 절제된 음주 습관을 기른다.

알코올 섭취는 영양 불균형 초래되며 간, 심혈관계 질환, 암 등 각종 질병의 원인이 된다.

6. 고지혈증 운동 요법

항상 주장하듯이 건강은 건강할 때 지켜야 가성비가 가장 적게 든다. 고지혈증이라는 사전 신호를 무시하지 말라. 약간의 식단 조절과 몇 개월간의 유산소 운동만으로 아주 쉽게 고지혈증은 제압할 수 있다. 운동하지 않고 약복용으로 근본적인 문제를 절대 해결할 수 없다. 고지혈증은 약부터 복용할 생각하지 말고 제발 운동과 식단으로 컨트롤 하자.

유산소 운동과 근력 운동을 통해 불필요하게 많은 콜레스테롤은 운동 에너지로 사용하자. 그리고, 약간의 식단 조절도 병행하자.
<u>지금 운동하는데 시간을 내지 않으면 나중에는 병 때문에 시간을 허비할 것이다. 지금 운동에 투자하지 않으면 나중에는 병 때문에 망할 것이다. 지금 당장 운동하라.</u>

🏋 근육감소증 식단과 운동

1. 근육감소증 최신 경향

인간의 수명이 늘어나면서, 근골격계 질환이 늘어나고 의료비 또한 빠른 속도로 증가하고 있다. 나이 40이 넘어가면서 해마다 근육의 자연감소분이 연간 1%씩 된다고 한다. 대충 보더라도 70~80세가 되면 40대 근육량의 30~40% 이상이 사라지고 없어진다는 것이다. 이렇게 감소된 근육량으로는 근골격계를 정상적으로 유지할 수가 없기 때문에 나이가 들어가면서 관절 질환자들이 많아 지는 것이다.

근골격계 질환의 대표적 질병인 디스크로 알려진 추간판 탈출증 하나만 예를 들어보자. 나이가 들어가면서 퇴행성 변화가 가속화 되고 결국에는 추간판이 탈출되어 주변 척추 신경을 압박하게 되고 그 통증이 하지부 전체로 퍼져 나가는 방사통이 생긴다. 디스크 환자들은 극심한 통증으로 부터 벗어나기 위해 이 분야 최고의 명의를 찾아 나서게 되고 수술을 받게 되지만, 다시 디스크가 재발되어 고생하는 경우를 여러분 본인이든, 주변 지인이든 흔히 경험하고 있을 것이다.

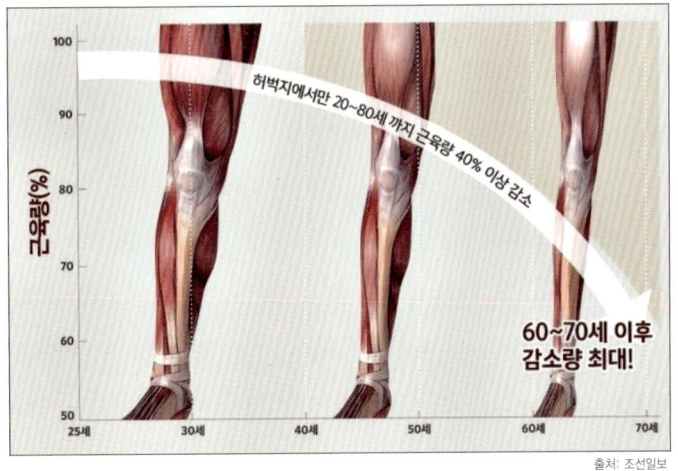

출처: 조선일보

골반기저부에서 부터 횡경막을 경계로 하는 부위의 근육을 코어 근육이라 하고 인체의 가장 중심부를 이루고 있는 핵심 부위이다.

허리 보호를 위해서 코어 근육이 매우 중요하기 때문에 반드시 근력 강화운동을 평소에 해두어야 한다는 연구 자료들은 많이 보고되고 있다.

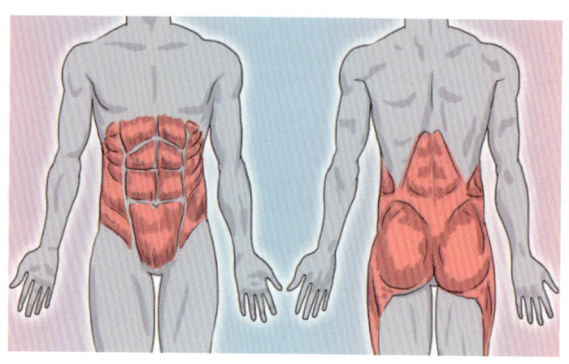

코어 근육이 약해지면 상체 무게를 지탱해주던 근육이 쉽게 피로해져 요추부를 제대로 받쳐주지를 못하게 될 것이다. 따라서 코어 근육이 약해지면 디스크 발생율은 높아지게 된다.

나이가 들어가면서 근육감소증이 진행되는 것을 당연한 노화라고 생각하고 방치하면 절대 안된다. 근조직은 노력한 만큼 성장시킬 수 있는 것이다. 근육감소증은 노화를 촉진시킬 뿐만이 아니라 노년기 낙상과 노년기 골절의 주 원인이다. 건강한 노년을 제대로 준비하기 위해서는 노후 자금 모으듯이 근육도 저축해야 한다.

일상에서 근육의 적정량을 알아보는 방법으로 종아리 근육의 굵기를 자신의 손가락으로 측정해보는 핑거링 테스트를 흔히 사용하고 있다. 종아리 근육은 제2의 심장으로 불리울 정도로 건강의 중요한 척도로 알려져 있다. 종아리 근육이 굵을수록 제2의 심장이 튼튼하다는 것이다.

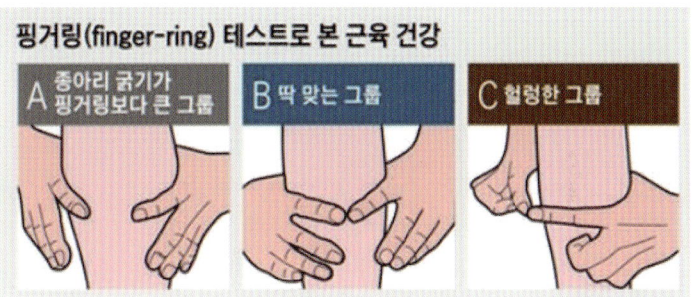

출처: www.google.co.kr

나이가 들수록 근육은 쉽게 증가 되지 않는다. 왜냐하면, 40대부터 해마다 1%씩 근육이 자연 감소되는데, 근육량을 늘리려면 그보다 더 노력해야 되기 때문이다. 지금 당장 근육 운동을 하기로 마음먹고 하루라도 빨리 시작하자. 근육을 성장시키기 위해서는 중고강도 이상의 근력 운동을 할 수 있어야 하고 노력만 하면 누구나 중고강도 이상의 근력 운동 강도를 즐길 수 있게 된다.

출처: www.google.co.kr

2. 근육감소증 진단 기준

　근감소증이 의심되면 간단한 근력 평가로 손의 악력을 측정하여 남자 < 28kg, 여자 < 18kg인 경우, 근육의 수행능력 평가로 5회 의자 일어서기 검사를 통해 12초 이상인 경우, 6m 보행속도 < 1.0 m/s 인 경우에 근감소증 가능성이 높다고 볼 수 있다.

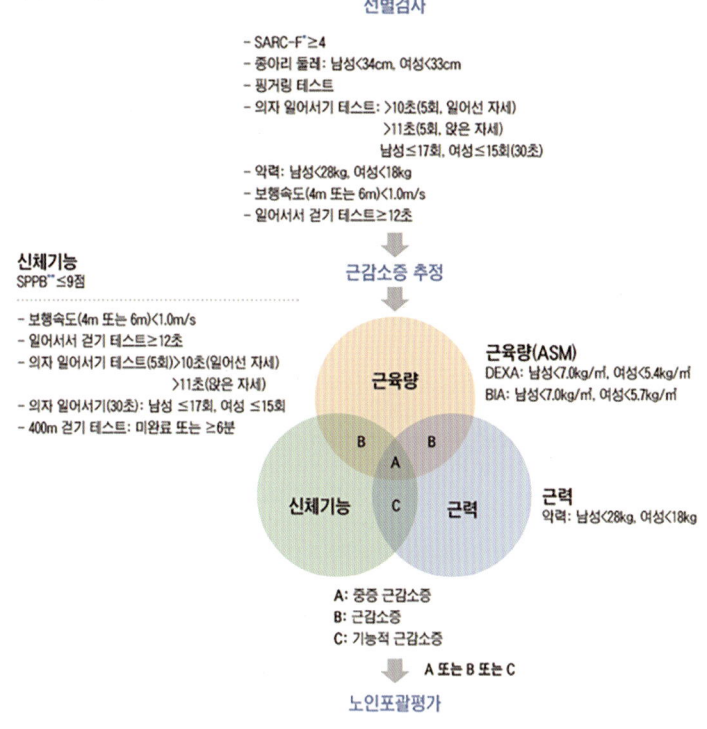

　또한, 왼쪽 종아리 둘레를 선 자세에서 측정하는 것이 근감소증

진단에 가장 좋을 것으로 생각된다. 그렇게 측정된 종아리 둘레가 남자는 34cm 미만, 여자는 33cm 미만이라면 근감소증의 가능성이 높다고 보는 것이 아시아 지침이다.

3. 근육감소증 합병증

근감소증은 신체활동이 제한되어 에너지 소모량이 줄어들면서 체지방이 증가하는 원인이 되고, 인슐린 저항성을 증가시켜 대사성 질환인 제2형 당뇨병이 발생된다. 체지방이 증가되면서 발생되는 심뇌혈관성 질환, 신질환, 고혈압, 갱년기 장애, 우울증, 낙상, 골절, 퇴행성 관절염, 기타 근골격계 질환, 면역 결핍증, 암 등과 같은 다양한 합병증이 발생된다.

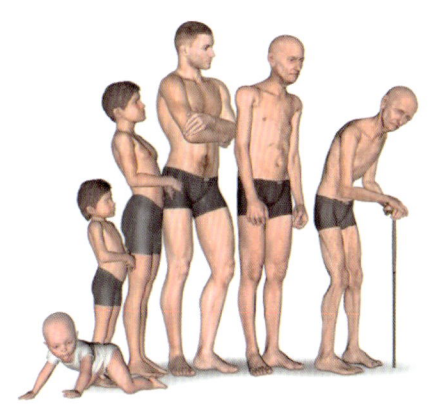

4. 근육감소증 위험 요인

근감소증의 위험 요인들로는 고령, 운동량의 감소, 영양 결핍 특히 단백질 섭취 부족, 호르몬 변화, 활성 산소 및 스트레스, 우울증,

불면증 등이 꼽히는데, 대부분의 요소들이 치매 및 인지기능 저하 등의 위험 요인과 중복된다.

5. 근육감소증 식사 요법

근육감소 예방을 위해서는 식습관 개선이 매우 중요하지만, 운동이 선행되어야 한다. 특히 근육 운동을 반드시 해야 한다. 지금 남아 있는 근육도 40대 이후 해마다 1%씩 감소되기 때문에 근 손실을 예방해야 한다. 탄수화물의 비율을 줄이고 단백질 섭취를 늘려가야 하는데 우리나라 65세 이상 절반 이상이 단백질 부족이다. 단백질 음식을 자주 먹는 식습관이 필요하다. 계란과 우유, 고기 등 고단백 식품을 적당히 섭취하고 호두 등 견과류와 채소, 과일 등 다양한 음식을 골고루 먹는 것이 좋다. 운동 이후 30분 이내 단백질 섭취를 권장한다.

6. 근육감소증 운동 요법

근감소증은 특효약이 없다. 따라서 평소 근육량과 근력을 지키는 노력이 필요하다. 호르몬 결핍도 근육이 감소되면 악화되는 경향이 뚜렷하다. 유산소 운동 뿐만이 아니라 근력 강화 운동을 꼭 하라는 것이다. 근육이 많은 순서는 하체, 등, 가슴, 기타 부위순으로 보면 된다.

 그리고 근육 운동은 분할 운동을 해야하는데, 큰 근육일수록 48~72시간 동안 충분한 휴식을 취하는 것이 좋다. 근육은 충분한 휴식을 취할 때 성장한다. 평소 걷기 운동, 특히 파워 워킹 등의 운동만으로도 하체 근육 유지에 도움이 되지만, 운동 습관이 길러질 때까지 전문가의 도움을 받으시기 바란다. 근력 운동은 자칫 잘못하면 운동 손상을 당하기 쉽다. 운동은 잘하면 어떠한 명약이나 명의보다도 훌륭하지만, 운동 손상을 당하면 안한 만 못한 것이 운동이다.

9 부록

부록

이번 집필의 목적은 운동 이후 뭘 먹을 것인지에 대한 영양 관련 내용으로 책을 만들어 가고 있었으나, 뭔가 아쉬운 점이 있어 보행 관련 내용을 조금 소개하는 것으로 하고 마무리 하려 한다.

보행은 누구나 하고 있다. 누구나 항상 하고 있는 것을 올바른 지식을 갖고 한다면 훨씬 좋은 운동 결과를 만들어 낼 수 있기 때문에 "운동하고 뭐먹지?"에서도 올바른 보행법을 소개하고자 한다. 그러나, 운동에 대해 제대로 자세히 알고자 한다면, 필자의 전국민 운동지침서인 "운동할래? 병원갈래?"를 같이 읽어보면 많은 도움이 될 것이라 생각한다.

보행 분석(Gait Analysis)

인간은 태어나서 죽는 순간까지 타인의 도움 없이 잘 걷고 싶어 한다. 필자는 한결같이 주장하는 것이 있다. "백세까지 자력으로 화장실 가는 것이 건강백세의 기본이다" 기저귀하는 순간부터 삶의 질은 엉망이 되고 사회적 비용으로 인구절벽의 미래세대에게 부담을 주게 된다. 대부분의 사람들은 걷기는 누구나 손쉽게 할 수 있는 운동이라고 생각하고 있을 것이다.

우리나라는 바다를 끼고 있는 동서 최남단 해남 땅끝마을과 부산 남구 오륙도에서 최북단 경기도, 강원도 끝까지 올레길을 각 지자체에서 경쟁적으로 만들어 두었다. 수려하고 빼어난 자연경관을 즐기며 걷기 좋은 장소는 넘쳐난다.

기능성 옷과 트레킹화 역시 종류가 정말 다양하게 출시되고 있기 때문에 기호에 맞추어 얼마든지 손쉽게 구매할 수 있는 훌륭한 제품들도 많이 나와 있다.

등산은 어떠한가?

역시 보행을 위주로 하는 운동이다.

일반 올레길 걷는 것은 밋밋하기도 하고 운동량이 부족하다고 느끼는 사람들은 업다운이 있는 등산을 취미로 하는 등산 동호회도 많아졌다. 특히, 꽃 피는 봄에 산으로 가보면 등산하는 사람들로 말 그대로 인산인해를 이루고 있을 정도이다. 등산애호가들이 예전에 비해서 정말 많아졌다.

우리나라는 국토면적의 70%가 산으로 되어 있어 국민 대다수가 집집마다 앞산 하나 정도씩은 갖고 있을 정도이다.

운동할 수 있는 인프라는 전국에 너무 많다. 하물며 등산하다 보면 산중인데도 불구하고 들어가서 앉으면 음악이 흘러나오는 호텔급 화장실부터, 산 정상에서 근력 운동을 할 수 있도록 운동장비들이 즐비하게 설치되어 있는 산스장(요즘 젊은이들이 산에 있는 헬스장을 일컫는 말이다)도 곳곳에 있다.

출처: www.google.co.kr

　게다가, 자전거 전용도로를 이용하여 전국을 일주할 수 있게 되어 있는가 하면, 각 지자체 주요 관공서 광장까지도 운동장비가 설치되어 있는 나라이다. 이뿐인가? 각 지자체마다 일반 사설 운동센터와는 시설면에서 비교불가할 정도의 훌륭한 시설(수영장, 웨이트 트레이닝장, 배드민턴장, 테니스장, 빙상장 등등 너무 다양한 종목까지 갖추고 있어서 열거할 수 없을 정도의 시설이다)이 잘 갖추어진 국민체육 센터가 각 지역구 별로 거의 대부분 있다.

　노인이 많은 시골 지자체에서는 여름날 선선한 저녁에 운동할 수 있도록 야간 조명판이 켜져 있고 자동 스프링쿨러로 규칙적으로 물까지 뿌려지도록 되어 있는 천연 잔디 게이트볼장을 설치한 지자체도 있다. 정말 깜짝 놀랄 정도로 전 국민이 운동할 수 있도록 이미 인프라는 전국에 넘쳐난다.

출처: www.google.co.kr

이토록 곳곳에 운동할 수 있는 시설이 만들어져 있는데도 불구하고 규칙적으로 중고강도 운동 습관을 지닌 사람은 채 10% 정도가 안된다는 통계가 있으니 답답할 따름이다.

다시 본론으로 돌아가서 보행 분석 관련한 설명으로 넘어가자.
보행이 제대로 되지 않으면 발바닥부터 시작하여 발목, 무릎, 고관절, 골반, 척추로 연결된 각 관절에 잘못된 힘이 편중되어 누적 피로가 쌓이게 되고 각종 운동 부상으로 연결된다. 필자는 이로 인해 발생된 근골격계 환자 진료를 참으로 많이도 했다.

잘못된 걷기 습관이 길러지면, 달리기 할 때도 당연히 잘못 길러진 습관으로 뛰게 될 것이다. 뛸 때는 걸을 때보다 3배, 내리막의 경우는 6배까지 체중 부하가 걸리게 된다. 이런 엄청난 체중 부하를 효과적으로 분산시키기 위해 올바른 보행 방법을 알아두면 운동 부상을 예방하는 데 상당히 도움이 된다.

올바른 보행 방법으로 걸으면 훨씬 먼 거리, 훨씬 높은 산을 부상 없이 즐길 수 있다.

그래서 제대로 걷는 방법을 제시할 테니 실천하시라.

보행을 할 수 없는 장애가 있는 분은 별론으로 하더라도, 누구나 걷고 있지만, 평소 보행에 관심을 두고 있는 극소수의 사람을 제외하면 대부분 걷는 방법에 대하여 제대로 모를뿐더러 관심도 없다.

보행만 제대로 하더라도 운동의 효과를 높이고 부상을 상당 부분 줄여 낼 수 있다. 일반적으로 보행 시, 발바닥이 처음 바닥에 접지할 때(Heel strike) 뒤꿈치 부분에 20%의 힘을 사용하고 발바닥 전체가 닿아있는 상태(Foot flat and Midstance)는 40%의 힘, 마지막 과정인 뒤꿈치가 떨어지고(heel off) 발가락 끝부분(tip toe)까지 체중이 전달되면서 지면에서 발가락끝이 떨어지는(Toe off) 과정까지 40%의 힘을 사용한다.

발뒤꿈치에서 부터 발가락 끝, 특히 엄지 발가락과 2번째 발가락

방향으로 무릎이 향하고 발끝을 힘차게 밀어주면서 걸어보면 보폭도 길어지면서 골반의 움직임도 느껴질 것이다. 같은 힘으로 훨씬 먼 거리를 이동할 수 있을 것이다. 발끝으로 밀어주는 습관을 들이면 골반의 자연스러운 움직임도 느껴지고 요추부로 전달되는 힘까지도 분산될 것이다. 허리가 편해지는 것을 느껴야 보행의 완성이다.

오래 걷다 보면 허리가 아파져 오는 것을 여러분들로 이미 경험했을 것이다. 보행을 제대로 하면 자연스럽게 체중 부하가 분산되고 동일한 힘으로 무리 없이 쉽게 먼 거리를 아주 멋진 보행 자세로 걸을 수 있다. 바른 자세로 걷기만 해도 근골격계 질환을 예방하는 데 상당한 효과가 있으니 당장 지금 관심을 가져보자.

현장에서 보행 교육을 받으면 쉽게 이해되겠지만 글로써 여러분들과 만나다 보니 여러 가지로 설명이 어려운 부분은 있지만, 꼼꼼히 읽어 보시라.

🏋 올바른 보행 원칙 10가지

❗ 첫째, 턱을 당기고 시선은 10~15m 멀리 정면을 보라

고개를 숙이는 순간 거북목, 일자목이 되기 쉽고 등이 굽어지는 라운드 숄더의 원인이 되기도 한다. 그리고 더 심해지면 목디스크까지도 생길 수 있다.

⚠️ 둘째, 어깨는 펴고 가슴을 내밀어라

어깨가 말리고(라운드 숄더) 등이 굽으면 각종 근 골격계 질환과 연관이 될 수 있으니, 어깨를 활짝 펴고 가슴을 내밀고 치켜 세워 걷는 습관을 들여라. 대부분이 습관이 안되어 있을 것이기 때문에 처음에는 아주 어색 할 것이다. 몸에서 기억하도록 하는 것이 필요하다.

⚠️ 셋째, 팔은 자연스럽게 내리고 힘찬 스윙

팔은 자연스럽게 내려서 힘차게 스윙을 하면 추진력이 생겨 더 편하게 걸을 수 있을 것이다.

⚠️ 넷째, 배(코어)에 힘을 주고 허리와 등은 꼿꼿이 세워 걸어라

출처: pixabay.com

오래 걸으면, 허리 통증이 생기는 분들도 많을 것이다. 아무렇게나 그냥 걷지 마시라. 복부에 힘을 주고 걷는 습관이 우리의 코어를 튼튼하게 만들어 주고 허리에 부담을 줄여 줄 것이다.

🚨 다섯째, 골반은 중립을 지켜라

골반 중립이 무슨 말인가 생각될텐데, 골반 경사각이 나이가 들어 가면서 전방으로 전위되는 경우가 많은데, 골반 전방 경사가 진행되면 척추 전만증이 발생되고 허리 통증이 잦아 질 것이다. 코어 근육이 강해지면 골반 전방 경사가 줄어들게 된다.

🚨 여섯째, 일직선으로 보행하라

다양한 걸음걸이 패턴이 있다. 대표적으로 발의 모양이 팔자로 벌려진 상태로 걷는 걸음 또는 내측으로 모아서 걷는 걸음 모양이 있다. 이는 평발과 요족과 밀접한 관계가 있기 때문에 주의를 요한다.

일직선으로 걷는 걸음이 보기 좋을뿐만 아니라 힘의 분산에도 가장 유리하다.

🚨 일곱째, 발가락끝으로 추진력을 얻어라

특히 엄지 발가락이 제일 중요하다.

대부분 사람들의 보행을 분석해보면, 발가락으로 추진력을 얻어 걷는 사람이 거의 없다. 대부분 발바닥으로 걷는다. 발가락의 추진력을 얻어 걷게되면 동일한 힘으로 더 편하게 더 멀리 걸을 수 있을 것이다.

🚨 여덟째, 호흡은 자연스러운 리듬으로

운동을 할 때 호흡이 매우 중요하다. 수영할 때를 상상해보자. 수

영할 때 호흡이 일정한 패턴없이 하게 되면 호흡이 가빠지면서 몹시 힘들어 지고 수영장 물이나 바닷물을 마신 경험이 있을 것이다. 이처럼 운동 종목마다 호흡 방법도 약간씩 차이가 있고, 규칙이 있으니 절대 아무렇게나 해서는 안된다. 걸을때는 자연스러운 리듬으로 코로 마시고 코나 입으로 뱉어내면 되겠다.

❗ 아홉째, 보폭은 자연스럽지만 힘차게

보폭은 개인 마다 차이가 있을 수 있다. 대체적으로 키 −100하면 자신의 보폭이 된다. 180cm키라면 100을 뺀 80cm가 자신의 보폭이 된다. 그러나, 발가락끝의 추진력을 얻게되면 보폭은 더 늘어나고 에너지 소모는 증가할 것이다. 이것이 파워 워킹의 기본이다.

❗ 열 번째, 걷기 전후 반드시 스트레칭 하기

모든 운동 전, 후에 운동 손상을 방지하고 근회복력을 좋게 하기 위해 스트레칭하는 습관을 반드시 가져야 한다. 운동은 잘하면 어떠한 명약이나 명의보다 훌륭하지만, 잘못하면 운동 손상으로 안한 만 못한 결과가 초래될 수도 있으니 꼭 명심하시라

🏋 발(Foot)과 발목(Ankle) 관절 질환과 운동

발과 발목 질환의 종류에는 무지외반증, 족저근막염, 발목 연골 손상, 발목 인대 손상, 발목 관절염, 발목 퇴행성 관절염 등의 다양

한 질환이 있다. 우리의 몸 관절 중에서 가장 체중 부하를 많이 받고 있으나 다른 관절만큼 중요하게 생각하지 않는 듯하다. 실제로는 그렇지 않다. 체중 하중을 가장 많이 지탱하고 있는 관절이기 때문에 문제가 생기면 완치시키기가 상당히 어려운 관절이다.

발, 발목 정렬(Foot alignment)과 족궁(Foot arch)

거리에서 유난히 걸음걸이가 바르고 예쁜 사람을 가끔 보기도 하지만 대부분의 사람들은 아무렇게나 그냥 걷는다.

다들 걸음걸이에 대해 별로 신경을 쓰지 않는 눈치다. 그러나 실상은 매우 중요한 것이라는 것을 이 책을 읽는 독자들은 바로 알게 될 것이다. 발바닥과 발목으로 이어지는 아치와 정렬선이 어떤 의미를 갖는지 알게되면 교정하기 위해 노력할 것이다. 우리가 알고 있는 까치발, 평발에 관해 설명하겠다.

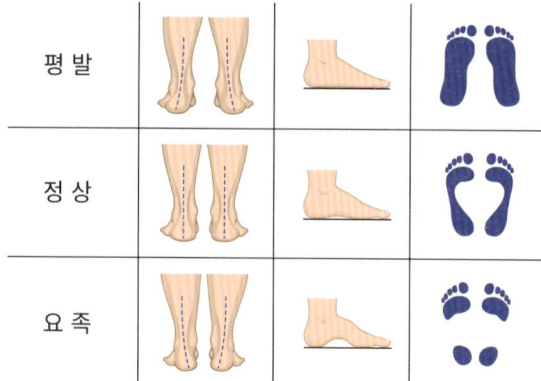

출처: www.google.co.kr

요즘은 그렇지 않지만, 옛날에는 평발(flat foot)인 사람은 군 면제되던 시절이 있었다. 왜냐하면, 장거리 행군 훈련을 하기에 상당히 불편한 발 모양이기 때문이다. 8자 걸음걸이의 모양을 상상해보자. 발끝이 바깥 방향으로 벌어지고 바깥쪽으로 발목이 꺾이면서 장거리 이동할 때, 발바닥뿐만이 아니라 발목의 피로감이 더해지는 형태가 된다. 8자 걸음으로 걷는 사람의 대부분이 단거리 달리기에는 부적합하다.

요족(hollow foot)이라는 하이아치 형태의 발은 발목이 안쪽으로 꺾여있고 발끝이 안쪽으로 모이는 오목발의 형태이기 때문에 매끈하지 않은 길을 걷다 보면 유난히 발목이 자주 젖혀지게 된다. 장거리 이동할 때 당연히 발목 피로감이 심해지고 발목 손상이 잦은 발의 모양이다.

요족이던, 평발이던 반듯한 정상 발 모양으로 보행하기 위해서 운동을 하자는 것이다. 경우에 따라서는 교정기를 사용하여 보정해주기도 한다.

족저근막염(Planta fascitis)

발바닥 전체를 잡아주고 지지해주는 근막이 족저근막이다. 여러분들도 장거리를 걷고 나면 발바닥이 매우 아팠던 경험이 한 번쯤은 있을 것이다. 체중을 오롯이 지탱하면서 버텨주는 것이 발바닥이다. 그 발바닥을 지탱해주는 것이 족저근이고 그 막이 족저근막이다. 이 족저근막에 염증이 오면 치료가 잘되지 않아 애를 먹는 경우가 많다.

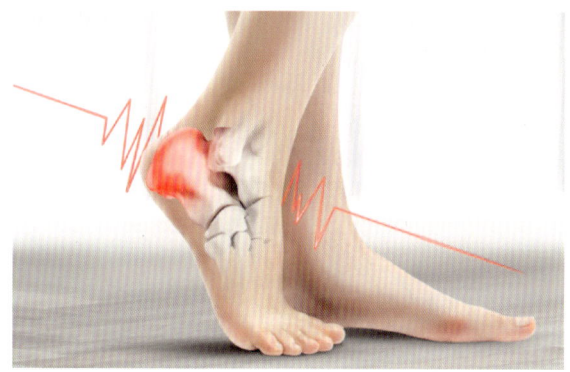

출처: www.google.co.kr

족저근막염은 신발이 불편할수록, 체중이 많이 나갈수록, 장시간 서 있는 사람일수록 발생 빈도가 높다. 따라서 적절한 신발로 교체하는 것과 체중을 조절하여 주는 것도 좋은 방법이다. 그러나 결국은 보행 분석을 통한 운동 교정이 최선이다.

필자도 진료 현장에서 마라톤 동호회 회원들을 많이 치료했던 경험이 있는데, 장시간 뛰는 마라톤의 경우에는 흔하게 발생하는 운동 손상 중에 족저근막염이 있다. 잘못된 운동 습관으로 발생하며 한번 발병되면 운동을 쉬면서 치료해도 완치가 잘되지 않는 질환이 족저근막염이다. 예방적으로 발바닥 스트레칭하는 방법도 알아두는 것이 좋겠다.

운동 방법으로는 수건을 이용한 장딴지 근육 늘리기, 서서 장딴지 근육 늘리기 스트레칭, 발등 굽힘 운동(나중에는 탄력 밴드를 사용하여 부하를 느끼게 할 수도 있다.), 수동적 관절 가동 범위 운동, 탄력밴드 이용한 운동 등으로 다양한 방법들이 있으니 무조건 실천하자.

맺음말

나이가 들어갈수록 가장 중요한 것은 건강이다. 꾸준히 운동하고, 건강한 음식으로 소식하고, 금연, 절주하지 않고는 절대 건강을 증진 시킬 수 없다. 가장 중요한 건강을 갖기 위해서는 절제 해야 한다. 다 가질 수는 없는 법이다.

이 책에서 꼭 전하고자 하는 메시지는 건강한 생활 습관을 갖자는 것이고 규칙적인 운동 습관과 올바른 식습관을 가져야 한다는 것이다.

어떤 운동이 더 좋고 어떤 음식이 더 좋다는 것을 말하려는 것이 아니고 각자의 일상에 맞고 실천할 수 있는 자기만의 루틴을 만들어 가는데 도움을 주고 싶을 따름이다.

물론, 질환별로 추천하는 운동, 금지하는 운동, 추천하는 음식, 주의해야 하는 음식도 다양하지만, 우선은 운동 습관과 식습관을 갖는 것이 제일 중요하다.

특히, 필자는 노인성 질환을 진료한 세월이 상당히 길었다. 30년 이상 의사 생활을 하면서 수많은 환자를 보았고 병이 들어

돌아가시는 분도 수없이 보아왔다. 잘못된 생활 습관이 성인병을 만든다는 것은 이미 수없이 많은 매스컴을 통해 귀가 따갑도록 들어왔다. 필자가 추천하는 방법을 실천하는 것이 포인트이다.

운동과 식습관의 장점은 너무도 많다. 그러한 장점을 이 책을 읽는 사람들과 공유하고픈 순수한 마음으로 이 책을 발행하게 되었다. 내세울 것 없는 내용으로 출판을 하려니 솔직히 부끄러운 마음도 있지만, 전 국민 모두에게 운동과 식습관을 갖게 하는 일에 조금이라도 도움이 된다면 부끄러움을 무릅쓰고라도 출판해야겠다는 책임감도 있다. 앞으로도 여건이 허락하는 한, 의학 스포츠 및 영양학 분야에 관심을 가지고 질병의 예방과 치료법이 될 만한 운동 방법과 영양학을 심도 있게 연구하고 더 널리 공유하여 약없는 세상, 건강백세, 행복코리아를 만들어 가는데 일조하고자 한다.

끝으로, 이 책이 무사히 출판될 수 있도록 도와준 많은 분들에게 감사를 드리며 특히, 말없이 항상 곁을 지켜주는 나의 사랑하는 아내에게도 감사한 마음을 전한다.

전 국민 필독서가
되어야 할 이유가 있는 책!

운동하고
뭐먹지?

운동 마니아 의사가 전하는 운동 후 식단 꿀팁!!!

발행일 | 2023년 11월 25일
지은이 | 나용승(필명 Dr. Scott)
펴낸곳 | 도서출판 거북골
        부산시 부산진구 부전로 5-1
이메일 | geobook80@hanmail.net
전 화 | 051)808-5571   팩스 : 051)809-5571
인쇄처 | 거북인쇄공사
출판등록 제329-1996-3호

ⓒ 나용승, 2023
값 22,000원

ISBN 979-11-91208-47-4

이 책은 저작권법에 따라 보호받는 저작물이므로 무단전재와 무단복제를 금지합니다.
저자와 협의에 의해 인지를 생략합니다.
잘못 만들어진 책은 바꾸어 드립니다.